无人机侦察情报处理技术

王长龙　林志龙　葛宝义　邓　辉　著

科学出版社

北　京

内 容 简 介

本书介绍了无人机侦察情报处理的三部分内容，分别为图像融合、目标识别以及目标跟踪。图像融合介绍了红外和可见光的快速配准技术、结合变换域与空间域的灰度级融合技术和基于 IHS 变换与目标增强的彩色级融合技术。对于 SAR 图像的自动目标识别，说明了基于自适应筛选快速 CFAR 算法的目标检测、基于 Krawtchouk 矩特征的目标鉴别以及基于卷积神经网络和深度学习的目标识别。针对长时目标跟踪，阐述了基于相关滤波的自适应特征融合与目标重检测技术。

本书可供航空航天领域从事情报处理工作的科研人员阅读，也可作为高等院校图像处理相关专业教师和研究生的参考书。

图书在版编目（CIP）数据

无人机侦察情报处理技术 / 王长龙等著. —北京：科学出版社，2021.10
ISBN 978-7-03-069413-3

Ⅰ. ①无… Ⅱ. ①王… Ⅲ. ①无人侦察机-情报侦察 Ⅳ. ①V279

中国版本图书馆 CIP 数据核字(2021)第 146456 号

责任编辑：王　哲 / 责任校对：王晓茜
责任印制：赵　博 / 封面设计：迷底书装

科学出版社 出版
北京东黄城根北街 16 号
邮政编码：100717
http://www.sciencep.com

北京中石油彩色印刷有限责任公司印刷
科学出版社发行　各地新华书店经销
*
2021 年 10 月第　一　版　开本：720×1 000　B5
2024 年 1 月第三次印刷　印张：13 1/2　插页：16
字数：270 000

定价：129.00 元

（如有印装质量问题，我社负责调换）

前　　言

　　无人机侦察具有时效性强、避免人员伤亡等其他装备不可比拟的优点,并且可以通过携带不同类型的任务载荷实现全天时、全天候的侦察任务。利用无人机侦察情报处理技术可以有效提升情报生成效率,在信息化战争时代掌握"先敌一步"的主动权。

　　无人机通过搭载可见光、红外和合成孔径雷达等多类型任务载荷,可实现对战场目标的全天候可靠侦察。目标融合技术能够结合不同侦察设备的优点于一体,实现传感器之间的信息优势互补;目标识别技术能够自动检测并识别侦察区域的重要目标;目标跟踪技术可对重要的机动目标进行长时跟踪定位,获取更详细的目标情报信息。无人机情报处理技术能极大提高情报生成效率,提升无人机作战效能。鉴于此,本书紧密结合国内外研究现状,针对目标融合技术、目标识别技术和目标跟踪技术进行了介绍和研究。

　　全书共分为 3 篇 12 章。第 1 章阐述了国内外研究动态,然后对比了红外与可见光的成像特性,在此基础上,介绍了图像配准与融合的相关概念、方法及效果评价标准,概括了图像融合篇的基本框架和主要内容。第 2 章论述了形态学边缘检测对后续配准的重要性,介绍了改进后的 ORB 算法及基于 GMS 与 PROSAC 的双重误匹配剔除算法。第 3 章介绍了多尺度分解方式 NSDTCT,并且对分块策略及融合规则进行了详细说明。第 4 章对 IHS 空间变换的数学模型及特点进行了介绍,分析了目标增强的必要性。第 5 章阐述了 SAR 图像目标识别的重要意义及国内外研究动态,概括了目标识别篇的基本框架和主要内容。第 6 章介绍了适用于多目标环境下检测的自适应筛选快速 CFAR 算法,实现 SAR 图像高效检测。第 7 章介绍了基于 Krawtchouk 矩特征的 SAR 图像目标鉴别方法,提高了鉴别速度和准确率,解决了分类错的非均等代价问题。第 8 章介绍了适用于含单个目标和多个目标的 ROI 切片目标识别方法。第 9 章介绍了目标跟踪研究的背景和意义,对应用最广泛的跟踪方法的国内外研究现状进行了详细分析,说明了目标跟踪篇的主要工作和内容结构。第 10 章对相关滤波目标跟踪方法的基础理论进行介绍,研究总结了长时目标跟踪的进一步改进策略。第 11 章介绍了时空感知相关滤波方法,结合分层 HOG 特征和 CN 特征,自适应选择鲁棒性强的特征对目标进行跟踪,解决了相关滤波目标跟踪中存在的模板线性更新问题。第 12 章介绍了结合候选区域提取和结构化支持向量机的重检测方法,解决了长时目标跟踪中由出视野和目标遮挡等造成的目标失跟问题。

　　作者根据长期对无人机情报处理技术研究的经验和成果撰写了本书,研究内容得到基础加强计划技术领域基金的支持，在撰写过程中得到了陆军工程大学石家庄校区无人机工程系同事们的支持和帮助，在此一并感谢。

由于作者经验和水平有限，本书内容难免存在不妥之处，衷心希望广大读者提出宝贵意见和建议。

作　者

2021 年 9 月

目　　录

目标识别篇

目标跟踪篇

彩图

图像融合篇

第1章 图像融合概述

1.1 图像融合简介

作为信息融合领域的重要分支之一，多源图像融合综合了图像处理、信号处理、计算机视觉与人工智能等众多学科的理论。融合的本质是对源图像中的信息进行优化、筛选与组合，从而降低单一类型传感器成像可能存在的多义性、不完整性与不确定性，提高在特征提取、分类与目标识别等方面的有效性[1]。根据成像传感器的不同，融合类型可分为红外与可见光图像融合、合成孔径雷达(Synthetic Aperture Radar，SAR)与可见光融合、多光谱图像融合等。根据融合信息的抽象层次不同，融合类型可分为像素级、特征级与决策级融合三类，其中，像素级融合的结果信息量最大也最全面，更易于被人的视觉系统所接受，适合进一步进行目标检测、目标识别等，因此目前受到的关注与研究最多。

红外与可见光图像融合是当前多源图像融合中的一大研究热点[2]。红外传感器可透云雾成像，能全天候执行侦察任务，但成像质量不佳，细节模糊；可见光成像清晰度与对比度更高，但在云烟雾及光照不良条件下成像效果不佳。综上所述，单一类型的传感器难以胜任复杂战场条件下的侦察任务，因此需要通过图像融合技术实现不同传感器之间的信息互补，提高侦察信息获取的可靠性。图 1-1 为可见光与红外图像像素级融合过程示意图。

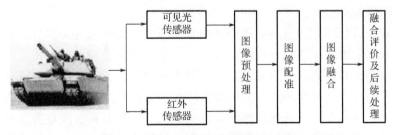

图 1-1 红外与可见光图像像素级融合过程示意图

在图 1-1 中，目标首先通过传感器成像得到源图像，为了解决成像过程中噪声及运动干扰导致的图像模糊问题，需要对源图像进行降噪或增强等预处理操作；为了消除成像过程中产生的缩放、旋转与平移等图像畸变，满足后续融合要求，需要对预处理得到的图像进行空间位置上的配准；在预处理及配准后，通过融合源图像，实现两种不同类型传感器之间的信息优势互补，并对融合结果进行评价；融合结果中的信息更完整全面，因此可以进一步提取融合结果中的信息进行图像分类、目标检测、识别等，并应用于实际任务中。

1.2　红外与可见光图像配准及融合研究现状

在像素级融合中，源图像只有在分辨率一致、大小相同且在同一坐标系中严格对齐的情况下，才能满足融合条件。无人机在航空侦察的过程中，机载传感器受成像距离、角度等因素的影响，成像后图像可能存在空间上的缩放、平移、旋转等畸变，因此在融合前，需要通过图像配准消除图像畸变，使源图像满足融合条件。在实际应用中，图像配准应快速、精准，才能提高整个融合过程的效率，满足对实时性的需求。

1.2.1　图像配准技术研究现状

图像配准是指对从不同视点、不同时间或不同传感器获得的同一场景的两幅或多幅图像建立对应关系的过程。20 世纪 70 年代，美军提出将图像配准技术用于飞行器辅助导航与制导发射等领域，这是图像配准技术在军事领域的首次应用。随着军事技术的发展，无人机开始广泛应用于航空侦察，基于图像配准的辅助导航系统也大量装备在无人机上以辅助导航[3]，此外，图像配准也广泛应用于医学检测[4]、车辆检测[5]等民用领域。

图像配准技术最初主要针对同源图像，随着多传感器成像技术的迅速发展，针对异源图像配准技术的研究逐渐引起专家学者的关注。由于传感器的成像机理不同，得到的图像在颜色、纹理、分辨率等方面差异较大，所以异源图像配准的难度较同源配准更高。目前，异源图像配准方法可根据对图像信息的利用情况分为基于灰度与基于特征两大类。

基于灰度的配准方法直接利用局部图像的灰度信息建立异源图像之间的相似性度量，而后搜索求解使相似性度量值最大或最小的变换模型参数，常用的相似性度量包括 Hausdorff 距离、互信息等。由于噪声影响图像的灰度分布，且该类方法对图像的空间结构特征利用不够，故配准鲁棒性通常较差，搜索求解过程容易陷入局部最优，提升该类方法性能的关键是寻找更好的相似性度量及改进搜索求解策略。

基于特征的配准方法通过提取图像局部特征作为异源图像配准的参考信息，该类方法分为特征提取与特征匹配两个步骤，常用于匹配的特征包括角点、边缘、轮廓等[6]。由于图像局部特征的不变性，该类方法的鲁棒性较基于灰度的配准方法更强，配准效果更好，但实现更复杂[7]。目前主流的特征匹配方法有尺度不变特征变换（Scale-Invariant Feature Transform，SIFT）、加速鲁棒特征（Speeded-Up Robust Features，SURF）、定向 FAST 和旋转 BRIEF 特征（Oriented FAST and Rotated BRIEF，

ORB) 等，在匹配速度上，ORB 较 SIFT 与 SURF 有数量级上的提升，更适合实际应用[8]。但 ORB 在一些尺度变化较大的场景下匹配效果较差，如何解决 ORB 的尺度不变性问题是提升该算法性能的关键[9]。

在红外与可见光图像配准领域，两者的灰度差异较大是制约配准精度的主要因素，因此当前的研究集中在如何消除灰度差异对配准精度的影响，目前已有的方法包括轮廓拟合、显著性检测、边缘检测[10]等。这些方法通过检测并提取红外与可见光图像的共同特征如轮廓、边缘等，来减弱灰度差异对配准精度的影响，尽管部分方法精度足够高，但配准速度慢，而图像配准在实际应用中只是众多步骤的一环，因此如何平衡精度与速度之间的矛盾，使方法能够得到实际应用，是红外与可见光图像配准研究中的重点和难点。

1.2.2　图像融合技术研究现状

在国外，美国是融合技术起步最早、发展最快的国家。1973 年，美国国防部通过融合声呐信号，实现敌方潜艇位置的自动检测，被视为信息融合技术应用在军事领域的开端。70 年代后期，格鲁门公司利用红外与可见光图像的信息互补性，生产了一种增强型夜视镜用于提高美军夜间执勤能力。近年来，美军在不断研究微光和多波段融合方法，以确保其夜视技术方面的领先优势，引起了世界军事强国的高度关注。目前，美国正积极研制一种覆盖可见光、红外和雷达成像的多谱段传感器信息融合系统，以提高战场感知能力。

相关方法上，国外研究水平始终处于领先地位。早期融合方法集中于空域，主要有加权平均、主成分分析等，这类方法计算量小，易于实现，但图像并不是孤立像素点的集合，空域法容易割裂图像的空间构成，造成对比度的下降与细节信息的损失。金字塔融合[11]的面世，标志着融合方法从空间域转入变换域，此后，小波融合、脊波变换、轮廓波变换[12]等基于变换域的方法相继被提出。此外，神经网络、压缩感知、稀疏表示等理论也大量用于图像融合研究[13]。最近，伴随着深度学习的热潮，部分学者提出基于低秩矩阵分解及卷积神经网络 (Convolutional Neural Network，CNN) 理论的融合方法构想，尽管目前相关方法在目标识别、目标检测等方面已取得显著成效，但由于图像融合涉及图像分解、特征分类、特征选择与图像重建等众多理论，所以将相关方法应用于图像融合还有待进一步探索。

在国内，由于对信息融合理论与技术的研究起步较晚，发展相对落后，80 年代末才出现有关多源信息融合技术的研究报告。为紧跟前沿，政府将信息融合技术列为 "863" 计划与 "九五" 规划中的国家重点研究项目，并将其确定为计算机技术领域的关键技术之一。随后，在政府、军方及各类基金的扶持下，大批高校与研究所投入了相关研究中，在图像融合领域，也取得了丰硕的研究成果[14]。

应用层面上，1999 年，我国在 "资源一号" 卫星上同时安装了电荷耦合元件

(Charge-Coupled Device，CCD)与红外扫描仪，通过图像融合，有效扩大了卫星的遥感区域。北京理工大学于 2009 年研制的基于 YUV 色彩空间传递的彩色图像融合系统，能实现红外与可见光图像的伪彩色融合[15]。同年，南京理工大学也开发了一套能够实现快速融合的伪彩色图像实时融合系统。此外，上海交通大学、中科院长春光机所等研究机构也长期与军方部门合作，一直从事红外与可见光图像融合的研究。

学术层面上，由于起步较晚，国内学者在图像融合领域的提出的创造性理论较少，主要侧重于对国外已有的理论进行完善与运用。具有代表性的研究成果主要有马义德的基于脉冲耦合神经网络(Pulse Coupled Neural Network，PCNN)的融合理论、刘羽的基于多尺度变换与稀疏表示的图像融合框架[16]、马佳义的梯度转换与最小全变差模型[17]等。此外，国内学者尝试将深度学习应用于图像融合，如李红[18]等将深度支撑值学习网络用于遥感图像、蔺素珍[19]等提出基于深度堆叠 CNN 的图像融合方法、马佳义[20]利用生成式对抗网络(Generative Adversarial Network，GAN)融合红外与可见光图像等，展现了国内学者勇于开拓创新的科研精神。

尽管我国在图像融合领域研究成果突出，尤其是在红外与可见光图像融合方面硕果累累，但总体而言，由于缺乏实际的多传感器系统应用需求的牵引，图像融合领域的研究更倾向于探索与仿真，且研究过程中并未针对不同层次不同类型的融合建立广受认可的详细数学模型和完整理论体系，很多研究工作只针对某些应用领域的特定问题展开，缺乏普适性。因此，需要进一步研究图像融合的数学本质，建立具有普适性的数学模型，并加强需求牵引，才能更好地引导研究成果服务于实际应用，从而提高我国的军事实力。

1.3　成像特性分析

1.3.1　红外成像特性

红外线(Infrared Ray，IR)波长介于可见光与微波之间，根据波长不同，可分为近、中、远红外线三类。近波红外波长介于 $0.7\sim2.5\mu m$，穿透力最强；中波红外波长介于 $2.5\sim25\mu m$，穿透力较强；远波红外波长介于 $25\sim1000\mu m$，穿透力最弱。根据成像红外线来源的不同，成像方式可划分为主动式与被动式：主动式成像通过成像设备主动向目标发射红外线，通过接收反射的红外辐射成像；被动式成像通过接收目标热辐射产生的红外线成像。

理论上，高于绝对零度的目标就能产生红外线。实际情况下，目标与环境的温差越大，能量传递产生的热效应越强，这种热效应产生的辐射差异通过红外成像仪映射成图像中的灰度值。在红外图像中，灰度值越高的地方表示辐射差异越大，热效应越强。由于目标边缘处与环境的辐射差异更大，所以边缘处在红外图像中通常代表目标的轮廓。当成像距离较近或目标热辐射较强时，目标在图像中具有较大的灰度值，通常表现比较明亮。

1.3.2　可见光成像特性

可见光(Visible,VIS)是电磁波中人眼可感知的部分,由不同波段的电磁波组成。可见光成像利用特定的光学镜头聚集目标反射和折射透过的光,成像过程主要由半导体电荷耦合元件 CCD 实现。当 CCD 元件接收到目标反射的光信号后,发光二极管被激发并释放电荷,在相关硬件设备上产生电信号,这些电信号经过滤波和放大处理,而后通过模/数转换后变成图像中每个像元的像素值,完成成像过程。

目标在可见光图像中的清晰度主要与光强、反射率、成像距离有关,在光强足够的情况下,目标对各波段光线的反射率越高,清晰度越高。此外,目标清晰度还与合适的成像距离和光强有关,成像距离过远,目标较小难于辨析,成像距离太近,目标的整体特性又难以突显;光强不足的条件下,成像设备接收到的目标反射的光线较少,目标清晰度低,光强太强,会掩盖目标,阻碍目标成像。因此,可见光成像条件较红外成像更为苛刻,受环境因素制约更大。

1.3.3　红外与可见光图像特性对比

在融合红外与可见光图像的过程中,明确两者的特性差异,进而确定可互补的信息,对于融合效果至关重要。为了更直观地体现两者的特性差异,图 1-2 给出了两组不同场景下的红外与可见光图像对比图。

根据上述两组对比图,红外与可见光图像的特性差异可总结为以下三点。

(1)可见光图像更适合人的视觉系统理解。可见光图像具有更丰富的颜色与纹理特征,清晰度更高,因此可见光图像中的信息更容易被理解,在图 1-2(a)中,容易得出该车为夜间行驶的小轿车,但在红外图像中则不好判断。

(2)红外图像的清晰度更低。红外成像通过热辐射效应成像,图像内容与场景的热效应有关,对于场景中热效应不明显的部分,很难客观反映其存在,如图 1-2(a)中,在可见光图像中马路上的字母清晰可见,但在红外图像中则已模糊不清。

(a)道路上的车辆

(b)藏有士兵的树林

图 1-2　红外与可见光图像特性对比示例图(见彩图)

(3)红外成像不受光照和遮挡影响。从图 1-2(b)中可以看出,隐蔽在树丛中的士兵在可见光图像中难于察觉,但由于自身热效应的存在,在红外图像中能够较容易判断其所在位置。

1.4　图像配准基本理论

图像配准是为了解决成像过程中产生的平移、旋转、缩放等畸变,确定图像之间的相对位置映射关系,使图像达到像素点空间位置上的一一对应,从而满足融合条件,确保融合结果的准确性。因此图像配准是图像融合技术应用在实际场景中必不可少的一步。快速、精准的图像配准算法对提高整个融合过程的实时性与融合质量具有重要意义。

1.4.1　空间变换模型

图像配准是在空间上寻找一种变换模型或变换关系,使得待配准的图像之间能够在像素空间位置上达到一定程度的一致。配准过程中通常需要选择待配准图像中的某一图像作为参考图像,设 $I_A(x,y)$ 表示参考图像 I_A 中点 (x,y) 的像素值, $I_B(x,y)$ 为待配准图像 I_B 中点 (x,y) 的像素值,则图像配准的数学形式可表示为

$$I_A(x,y) = f(I_B(x,y)) \tag{1-1}$$

式中, f 表示 I_A 与 I_B 之间的坐标变换关系,即空间变换模型。基本的图像空间变换包括平移、旋转、缩放、反转等,这些变换的不同组合方式,构成了图像配准的空间变换模型。根据组合方式的不同,图像配准的空间变换模型主要分为以下五类。

1. 欧氏变换

如果 I_A 中任意两点的欧几里得距离,变换后在 I_B 中保持不变,即物体的形状大小保持不变,则该变换称为欧氏变换。欧氏变换适用于存在平移、旋转的情况,二维空间中,点 (x_2,y_2) 到点 (x_1,y_1) 的欧氏变换可表示为旋转与平移的叠加,其数学表

达式如下

$$\begin{bmatrix} x_1 \\ y_1 \end{bmatrix} = \begin{bmatrix} \cos\theta & -\sin\theta \\ \sin\theta & \cos\theta \end{bmatrix} \begin{bmatrix} x_2 \\ y_2 \end{bmatrix} + \begin{bmatrix} \Delta x \\ \Delta y \end{bmatrix} \tag{1-2}$$

式中，θ 表示旋转角度，Δx、Δy 分别表示 x 与 y 方向上的平移量。

2. 相似变换

相似变换适用于存在平移、旋转和缩放的情况，该情况下物体的形状不变，但大小发生变化，其数学表达式为

$$\begin{bmatrix} x_1 \\ y_1 \end{bmatrix} = \begin{bmatrix} s_x & 0 \\ 0 & s_y \end{bmatrix} \begin{bmatrix} \cos\theta & -\sin\theta \\ \sin\theta & \cos\theta \end{bmatrix} \begin{bmatrix} x_2 \\ y_2 \end{bmatrix} + \begin{bmatrix} \Delta x \\ \Delta y \end{bmatrix} \tag{1-3}$$

式中，s_x 与 s_y 分别表示 x 与 y 方向上的缩放因子，当 $s_x = s_y$ 时，相似变换等同于欧氏变换。

3. 仿射变换

仿射变换适用于存在平移、缩放、旋转和镜像的情况，经仿射变换后，共线的点仍然保持共线，直线仍为直线，且之前存在的平行关系不会发生改变。仿射变换可表示为线性矩阵与平移变换的叠加，其数学表达式为

$$\begin{bmatrix} x_1 \\ y_1 \end{bmatrix} = \begin{bmatrix} h_{11} & h_{12} \\ h_{21} & h_{22} \end{bmatrix} \begin{bmatrix} x_2 \\ y_2 \end{bmatrix} + \begin{bmatrix} \Delta x \\ \Delta y \end{bmatrix} = \boldsymbol{H} \begin{bmatrix} x_2 \\ y_2 \end{bmatrix} + \Delta \tag{1-4}$$

式中，$\boldsymbol{H}$ 为仿射矩阵，Δ 为平移量。仿射变换能校正的畸变因素较常见，故能满足绝大多数情况下的畸变校正需求。

4. 投影变换

投影变换能保持图像中的直线特征，但线与线之间的平行关系可能被破坏。二维空间的投影变换可表示为有关齐次三维矢量的线性变换，其数学表达式如下

$$\begin{bmatrix} u \\ v \\ w \end{bmatrix} = \begin{bmatrix} a_0 & a_1 & a_2 \\ a_3 & a_4 & a_5 \\ a_6 & a_7 & 1 \end{bmatrix} \begin{bmatrix} x_2 \\ y_2 \\ 1 \end{bmatrix} = \boldsymbol{A} \begin{bmatrix} x_2 \\ y_2 \\ 1 \end{bmatrix} \tag{1-5}$$

式中，$\boldsymbol{A}$ 为投影变换矩阵，点 (x_1, y_1) 的计算方式如下

$$x_1 = \frac{u}{w} = \frac{a_0 x_2 + a_1 y_2 + a_2}{a_6 x_2 + a_7 y_2 + 1} \tag{1-6}$$

$$y_1 = \frac{v}{w} = \frac{a_3 x_2 + a_4 y_2 + a_5}{a_6 x_2 + a_7 y_2 + 1} \tag{1-7}$$

5. 非线性变换

非线性变换又称为弯曲变换，即原来的直线通过非线性变换可能成为曲线。非线性变换适用于图像间存在全局较大几何形变的配准问题，以及成像设备与成像目标距离相对较近，目标成像可能存在扭曲形变的配准问题。

多项式变换是典型的非线性变换，如 2～5 阶的多项式函数、指数函数和样条函数等，变换的准确性与参数个数有关，增加变换参数会使模型精确性提高，但计算复杂度也成倍增加。其数学表达式为

$$\begin{cases} x_1 = a_{00} + a_{10}x_2 + a_{01}y_2 + a_{20}x_2^2 + a_{11}x_2y_2 + a_{02}y_2^2 + \cdots \\ y_1 = b_{00} + b_{10}x_2 + b_{01}y_2 + b_{20}x_2^2 + b_{11}x_2y_2 + b_{02}y_2^2 + \cdots \end{cases} \tag{1-8}$$

通过不同变换模型的公式可知，欧氏变换、相似变换、仿射变换与投影变换均属于全局变换，在齐次坐标下则是线性变换，而部分局部变换属于非线性变换，本章在红外与可见光图像配准中，考虑到航空侦察图像的特点，采用的都是全局变换模型。

1.4.2　图像配准方法

根据是否需要对原始图像信号进行变换处理，可将配准方法分为基于空间域与基于变换域两大类，在基于空间域的配准方法中，根据是否直接对图像像素值信息进行处理，又可分为基于灰度与基于特征两种。

1. 基于变换域的配准方法

常见的变换域方法有小波变换、快速傅里叶变换、离散余弦变换等。基于变换域配准方法将图像视为一个二维信号，通过变换的方式从空域转至频域做信号处理。在空间域中，如果两个二维信号存在旋转关系，频域中相应的频谱图也存在对应的旋转关系；如果两个二维信号存在平移关系，频域中相位会有偏差；如果两个二维信号存在缩放关系，可通过对数极坐标变换的方式，将缩放变换转化成平移变换。因此，可以利用空域与频域之间的数学关系，分析二维信号之间在频域上的频谱相位差异，而后根据差异结合对应的数学关系推算畸变类型和畸变参数，完成图像的配准。

由于快速傅里叶变换、小波变换等算法已经相当成熟，基于变换域的配准方法计算复杂度更低。但如果图像间存在的畸变类型较多且畸变程度较大，该方法在分析畸变类型及推算畸变参数上将会产生较大的误差，降低配准精度。

2. 基于空间域的配准方法

基于灰度的配准方法是配准领域早期广泛使用的一种方法，也是最直接的一种

方法。该方法利用各像素点灰度值的相关性来达到配准目的，实现过程如图 1-3 所示。

图 1-3　基于灰度的配准方法

由图 1-3 可得，这类方法的关键是相似性度量函数与搜索算法的选择，因此设计此类方法需要考虑搜索算法的收敛性与相似性度量函数的可靠性。互信息表示两个随机变量的信息相似度，是相似性度量函数的可靠选择之一；在智能搜索算法上，粒子群、差分、Powell 等众多的智能搜索算法给基于灰度信息的配准方法提供了更多的选择。这类配准方法简单易实现，但对全局灰度信息过度依赖，导致计算量大且鲁棒性差，在灰度差异明显的情况下配准误差大，效果不理想，因此不适合异源图像配准。

基于特征的配准方法通过提取图像的角点、边缘、轮廓与纹理等底层特征，并采用相关方法对特征进行描述，而后匹配特征描述符，实现两幅图像的配准，主要包括特征提取、特征描述、特征匹配、参数计算四步，该过程如图 1-4 所示。

图 1-4　基于特征的配准方法

根据提取特征的维度不同，基于特征的配准方法可分为基于点特征、基于线特征与基于面特征三类。点特征是最常用的局部特征之一，包括边缘点、角点、线交叉点与区域中心等，常用的特征点提取算法包括 Moravec、SUSAN、Harris 与 FAST 等。线特征指图像中道路、海岸线及目标轮廓等表示出明显线段特征的信息，分布于灰度变化剧烈的区域，通常可采用 Canny 算子、LOG 算子等提取线特征。面特征主要指由线特征组成的封闭区域，如目标轮廓等，某些情况下，面特征可视为闭区域线特征的集合(如目标轮廓可视为闭合的边缘)。

提取特征后，需要描述特征才能对特征进行量化比较。在特征描述方面，目前基于不变矩的描述方法更常见。由于图像的矩特征采用各阶矩函数来描述灰度的统计特性，而矩函数具有全局不变性，且抗噪，所以基于不变矩的特征描述法生成的描述符具有平移、旋转及缩放不变性，在后期特征匹配时效果也更稳定。可用于特征描述的不变矩包括角度矩、边界矩、复数矩等。

特征匹配是指对提取到的特征建立对应关系的过程，通常需要根据特征种类及描述子的不同具体选择匹配方法，如 ORB 算法中由于特征描述符是二进制编码的形式，所以特征匹配采用汉明距离。其他特征匹配方法包括互相关系数法、聚类法、Hausdorff 距离与特征邻域向量描述匹配法等。

1.4.3　配准效果评价标准

就红外与可见光图像配准而言，由于待配准图像存在较大的灰度差和色差，故难以针对图像像素点的灰度关系提出图像配准评价指标，所以对配准效果的评价一直是图像配准领域中的一个难题。经过多年的研究与发展，目前被广泛认可的异源图像配准效果评价标准分为主观和客观的评价两大类。

1. 主观评价标准

主观评价通过人的视觉感知系统，对图像中边缘轮廓的契合度、图像整体的几何对齐程度、同一目标的大小形状方位等因素进行观察，而后判断是否达到空间位置上的对齐。这种评价方式简洁易行，但受评价者的个人认知、观测场景的影响较大。同一幅配准图像，主观评价结果可能因人而异，即使由同一个人评价，在不同环境下评价结果也会有一定差异。因此主观评价并不准确全面。

2. 客观评价标准

图像配准效果的客观评价主要从配准精度、鲁棒性及方法实时性三个方面进行衡量。配准精度反映了配准后图像与参考图像之间对应像素点的空间位置误差，是衡量配准算法是否达到配准质量要求的重要指标，代表了配准算法的精确度；鲁棒性指算法在光强、噪声、畸变程度的变化中仍旧能够保持良好配准精度的能力；实时性指完成配准所需时间。因此，客观评价标准的核心是配准精度。

在衡量配准精度上，主要采用均方根（Root Mean Square Error，RMSE）作为评价标准，均方根误差表示的是经过配准后的两个图像的对应同一位置的点和真实位置的点的位置误差，其计算方式为

$$RMSE(f) = \sqrt{\frac{1}{N'}\sum_{i=1}^{N'}\left\|(x_i,y_i) - f(x_i',y_i')\right\|^2} \qquad (1\text{-}9)$$

式中，(x_i,y_i) 表示特征点 i 在参考图像中的坐标，(x_i',y_i') 表示特征点 i 的匹配点在配准后的图像中的坐标，$f(x_i',y_i')$ 表示匹配点经过变换后在参考图像中的坐标，N' 为总匹配对数。

除此之外，通常还采用特征匹配点对正确率作为评价配准效果的依据。设剔除误匹配后的匹配点对数为 N_c，则匹配正确率的计算方式可表示为

$$C = \frac{N_c}{N'} \qquad (1\text{-}10)$$

在评价配准效果时，C 越大，表示正确匹配点对越多。但是特征点匹配正确率的高低并不完全与最终配准效果的好坏等价，因为最终得到的匹配点对只用于计算

变换模型参数, 而配准效果不仅与变换模型的选取、参数的计算准度有关, 也与采取何种插值操作有关。

1.5 图像融合基本理论

1.5.1 图像融合层次划分

多源图像融合是指在不同的图像信息抽象层次上对图像信息进行提取与优化的过程, 根据融合过程中信息抽象层次的不同, 图像融合可划分为像素级、特征级与决策级三个层次。每个层次的图像融合所属的位置如图 1-5 所示。

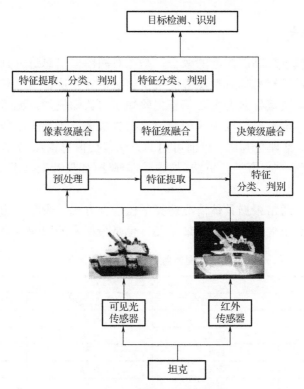

图 1-5 图像融合层次示意图

1. 像素级融合

作为最底层的融合方法, 像素级融合直接对采集到的原始图像数据进行处理, 融合图像所包含的信息更全面、精确、可靠, 直观性更强, 有利于后续计算机视觉分析(如目标识别、场景分割、目标检测等)。但图像中各像素之间关联性强, 需要剔除大量的冗余信息，故计算效率较低，且该层次的融合算法受噪声影响大，融合前源图像需经过精确配准，故实时性较差。可用于实时性要求低的任务中，帮助观测与识别目标，在场景态势评估中能够给出最优的解决方案。

2. 特征级融合

特征级融合属于中层次融合，通过基于统计分析与模式相关等方法从源图像中提取边缘、纹理、轮廓等特征信息，通过特征描述与分析，得到融合图像的复合特征空间。由于特征提取过程中已经对源图像信息进行了压缩，所以计算效率更高，占用的内存更少，实时性较好，与像素级融合相比，对配准精度要求低，但特征提取过程中丢失了较多源图像中与特征无关的信息，主要方法有聚类分析、贝叶斯估计、表决法等。

3. 决策级融合

决策级融合属于最高层次上的融合，是在对源图像信息进行判断决策或分类识别的基础上，通过逻辑推理对源图像的决策结果进行判决融合，获得满足问题需求的全局最优决策。决策级融合主要基于先验知识与认知模型，无需图像配准，实时性好且容错性强，但融合过程中源图像信息损失最多，需要大型数据库及专家决策系统支撑其分析、推理与判决。目前可用的方法包括信息论法(如熵算法、模板法)、统计法(如模糊集合法、聚类分析法)与逻辑推理法(如贝叶斯推理、Dempster-Shafer证据推理)等。

实际应用中，通常根据具体情况选择最佳融合方式。表 1-1 为各层次融合之间的性能比较，可看出像素级融合是最重要，也是最根本的图像融合方法。

表 1-1　图像融合各层次性能比较

性能	层次		
	像素级融合	特征级融合	决策级融合
信息损失量	最小	中等	最大
实现难易度	最难	中等	最易
预处理要求	最高	中等	最低
容错性	最差	中等	最好
可视性	最好	中等	最差

1.5.2　图像融合方法

由于像素级融合结果提供的信息量更丰富，能给后续目标识别、目标检测等任务提供更大的操作空间，所以，目前研究最多的是像素级融合。根据融合是否需要对二维信号进行域变换，像素级融合方法可分为基于空间域和基于变换域两类。当前正值人工智能热潮，深度学习与计算机视觉结合紧密，在红外与可见光图像融合领域，基于稀疏自编码器(Sparse Auto Encoder，SAE)、卷积神经网络(CNN)、生成对抗网络(GAN)等深度神经网络的融合方法也开始萌芽，并展现出了成为融合领域下一步研究热点的潜质。下面对各类融合方法及相关理论进行简单介绍。

1. 基于空间域的融合方法

该类方法不需要将图像视为二维信号进行变换，直接对像素点所包含的信息进行处理。加权平均、主成分分析(Principal Component Analysis，PCA)、独立成分分析(Independent Component Analysis，ICA)等均属于此类方法。

加权平均法赋予两幅图像同一位置的像素点不同的权重，而后取叠加运算的结果作为融合图像在该点的像素值，该过程可表示为

$$\boldsymbol{F}(i,j) = w_A \boldsymbol{A}(i,j) + w_B \boldsymbol{B}(i,j) \tag{1-11}$$

式中，w_X 表示源图像分配到的权重，$\boldsymbol{F}(i,j)$ 表示融合结果 $\boldsymbol{F}$ 在 (i,j) 处的像素值。加权平均的缺陷主要存在三个方面：权重分配难以把握；权重针对的是整幅图像，不利于突出局部信息，容易导致融合结果的低对比度；直接处理像素点数据，可能将噪点引入到融合结果中。

PCA 用于降低原始数据维度，去除冗余信息。在图像融合中，PCA 首先对图像进行 K-L 变换，得到一系列特征向量及其所对应的特征值，最大特征值对应的特征向量为第一分量，通过第一分量计算源图像能够获得的权重，完成加权融合。这种方法的本质是通过数据间的协方差来区分图像信息，协方差较大的图像获得的融合权重更高，因此会丢弃图像中的其他分量所包含的特征，融合效果一般。

ICA 是 PCA 的一个扩展，能够将原始图像数据分离为不相关和独立成分两部分，在红外与可见光图像中有一定的应用。基于 ICA 的图像融合方法通常需要用与待融合图像内容存在关联的自然图像去训练基底，利用训练得到的基底完成对待融合图像数据的分离，而后根据独立分量计算源图像权重。除此之外，图像分块也属于空间域方法的一种，分块法处理速度快，但实现难度大，对于块边界的处理难以控制，容易造成块效应，影响最终结果的可观性。

2. 基于变换域的融合方法

基于变换域的融合方法主要有金字塔变换、小波变换、脊波变换与轮廓波变换等，与基于空间域的融合方法相比，这类方法对源图像信息的选择性更强。金字塔变换中塔式分解产生的各层数据相关性强，在源图像差别较大的情况下算法效果不稳定，而小波变换、脊波变换与曲波变换等方法对图像中的各向异性信息表征能力较弱，缺乏平移不变性，因此上述方法在发展过程中逐步被淘汰。基于非下采样多尺度分析的变换方法满足平移不变性及各向异性的条件，在目前的图像融合领域更为常见，该类方法的融合过程如图 1-6 所示。

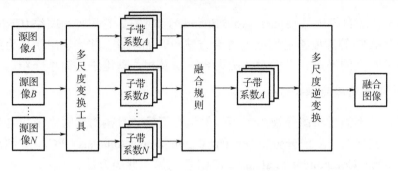

图 1-6　基于多尺度变换的融合方法

在多尺度变换工具方面，非下采样轮廓波（Non Subsampled Contourlet Transform，NSCT）与非下采样剪切波（Non Subsampled Shearlet Transform，NSST）变换发展较为成熟，受到了相关研究者的广泛关注。

1. NSCT

NSCT 是对轮廓波变换不具备平移不变性的改进与完善，由非下采样金字塔（Non Subsampled Pyramid，NSP）和非下采样方向滤波器组（Non Subsampled Directional Filter Bank，NSDFB）构成，NSP 用于实现多尺度分解，NSDFB 用于实现多方向分解。相比于轮廓波变换，NSCT 有效防止了融合过程中吉布斯现象的产生，对图像的边缘、纹理信息表达能力更强。NSCT 变换示意图如图 1-7 所示。

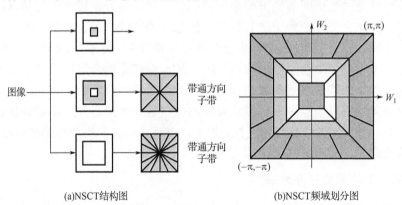

(a)NSCT结构图　　　　　　　　　　(b)NSCT频域划分图

图 1-7　NSCT 变换示意图

在 NSP 分解机制中，每一级分解产生 1 个低频分量与 1 个高频分量，源图像经 k 级分解，得到 1 个低频分量与 k 个高频分量，整个 NSP 分解过程的冗余度为 $k+1$。三级金字塔分解过程如图 1-8 所示。图中，$H_0(z^{2^k I})$ 表示低通滤波器组，$H_1(z^{2^k I})$ 高通滤波器组，k 表示分解级数，为实现多尺度分解，NSP 每一级滤波器需要以 $D=2I$（I 为二阶单位矩阵）的采样矩阵对前一级滤波器上采样，利用上采样后的低通滤波器对上一级信号进行低通滤波，得到低频分量，同时还需要利用上采样后的高通滤波器对上一级低频分量进行高通滤波，得到高频分量。图 1-8 为 NSP 三级分解示意图。

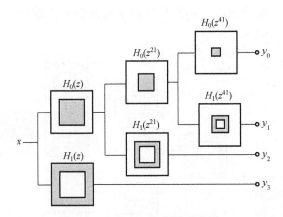

图 1-8　NSP 三级分解示意图

NSDFB 分解机制建立在扇形方向滤波器组的基础上，综合了严格采样双通道滤波器组与重采样算子的特性，能够通过楔形划分将二维频域分解为若干个表示不同方向上细节特征的子带分量。通过 NSDFB 分解，NSP 产生的每一级高频分量被分解为 2^n 个方向子带分量，图 1-9 为 NSDFB 分解示意图，其中，$U_0(z)$ 与 $U_1(z)$ 表示扇形滤波器，$\boldsymbol{Q} = [1,1;1,-1]$ 为梅花采样矩阵。

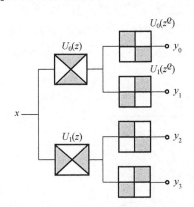

图 1-9　NSDFB 分解示意图

2. NSST

NSST 由 NSP 与剪切波滤波器(Shearlet Filter，SF)构成。二维空间中，通过仿射系统将几何与多尺度结合起来，能够构造出剪切波，由于剪切波具有多方向紧支撑性，所以利用 NSST 可以自行设定方向分解的级数，方向分解级数越多，对图像细节信息的表示能力越强，图像的分解越彻底，融合过程中信息损失得越少，融合效果越好。此外，NSST 的逆变换只需合成 SF，而 NSCT 需要逆合成 NSDFB，与 NSCT 相比，没有方向分解级数和初始分解重构滤波器的限制，计算效率更高，图 1-10 为 NSST 三级分解示意图。

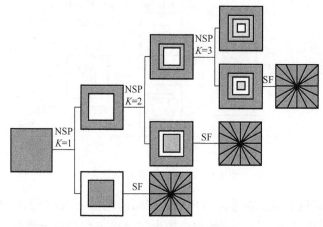

图 1-10 NSST 三级示意图

NSST 通过改进的剪切波滤波器实现多方向分解，对每一级高频分量进行 j 级分解，可得到 2^j 个与源图像大小一致的各向子带分量。与 NSCT 不同，NSST 的支撑基位于梯形对上，其大小近似为 $2^{2k} \times 2^k$，其中，k 表示分解尺度数，当 k 增大时，支撑基的线方向斜率 2^{-k} 也发生变化，因此这类支撑基各向异性更好，对图像中边缘纹理等特征进行稀疏表示的能力更强。图 1-11 为 NSST 的频域剖分图及其梯形支撑基示意图。

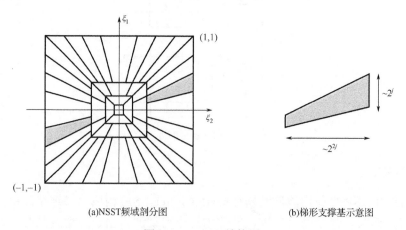

(a)NSST频域剖分图   (b)梯形支撑基示意图

图 1-11 NSST 结构图

3.　基于神经网络的融合方法

　　尽管深度神经网络在目标检测、目标识别领域已经取得了较大的成功，但在红外与可见光图像融合领域，应用深度神经网络有一定的困难，主要表现在以下两个方面：①训练样本少。由于缺少大型的训练数据集，网络模型难以学习到数据间的关联性，容易导致欠拟合。采样无监督学习方式，容易造成融合结果的不确定性。②人工智能的不可解释性。采用深度神经网络难以对融合过程和结果中产生的问题做出合理的解释，使得该类方法的可信度较低。尽管部分学者对这类方法表现出了极大的兴趣，但这类方法目前并不成熟。

　　在基于神经网络的融合方法中，脉冲耦合神经网络（Pulse Coupled Neural Network，PCNN）最为常见。PCNN 产生于对哺乳动物视觉神经元细胞活动的模拟，为单层二维局部连接反馈型神经网络，由众多神经元相互连接而成，每个神经元由接收域、调制域、脉冲发生器三部分组成，具有同步脉冲发放、全局耦合的特性，与深度神经网络相比，PCNN 结构简单，无训练样本要求，更适合图像融合任务。图 1-12 为 PCNN 中单个神经元结构模型示意图。

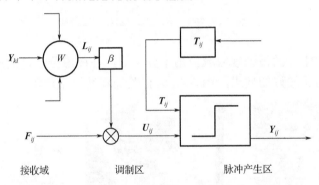

接收域　　　　　　调制区　　　　　　脉冲产生区

图 1-12　PCNN 中单个神经元结构模型示意图

　　图 1-12 中，接收域（Receiving Part）分为耦合连接域和反馈输入域，两者的迭代运算数学表达式如下

$$\begin{cases} F_{ij}(n) = e^{-\alpha_F} F_{ij}(n-1) + V_F \sum_{kl} M_{ij,kl} Y_{kl}(n-1) + S_{ij} \\ L_{ij}(n) = e^{-\alpha_L} L_{ij}(n-1) + V_L \sum_{kl} W_{ij,kl} Y_{kl}(n-1) \end{cases} \quad (1-12)$$

式中，S_{ij} 表示外部激励，其大小与脉冲产生周期呈负相关。$Y_{kl}(n-1)$ 表示第 $n-1$ 次迭代时邻域神经元的输出，$M_{ij,kl}$ 与 $W_{ij,kl}$ 分别为反馈输入域与耦合连接域的权值矩阵，反映神经元之间信号传递能力的强弱，V_F、V_L 与 α_F、α_L 分别表示反馈输入域与耦合输入域的放大系数和衰减时间常数。L_{ij} 与 F_{ij} 分别表示 n 次迭代后中心神经元

的耦合输出与反馈输出，通过 L_{ij} 与 F_{ij} 非线性相乘得到神经元内部活动项 $U_{ij}(n)$，其数学表达式为

$$U_{ij}(n) = F_{ij}(n) \cdot (1 + \beta L_{ij}(n)) \tag{1-13}$$

式中，β 表示连接强度，与邻域内同步脉冲输出的神经元个数呈正相关。当 $U_{ij}(n)$ 大于动态门限 $T_{ij}(n)$ 时，神经元产生单位脉冲，此时，动态门限立即增大，而后呈指数衰减，该过程循环至迭代结束。其数学描述如式 (1-14) 所示，V_E 与 α_E 表示动态门限的放大系数和衰减时间常数。

$$\begin{cases} Y_{ij}(n) = \begin{cases} 1, & U_{ij}(n) > T_{ij}(n) \\ 0, & \text{其他} \end{cases} \\ T_{ij}(n) = \mathrm{e}^{-\alpha_E} T_{ij}(n-1) + V_E Y_{ij}(n) \end{cases} \tag{1-14}$$

融合过程中，模型中神经元个数与待处理图像中的像素为一一对应关系，每个神经元处在一个 $n \times n$ 的权值矩阵 $M_{ij,kl}$ 与 $W_{ij,kl}$ 的中心，区域内的神经元为该神经元对应像素的邻近像素，通常设置两个神经元之间的连接权值为

$$M_{ij,kl} = W_{ij,kl} = \frac{1}{(i-k)^2 + (j-l)^2} \tag{1-15}$$

目前，PCNN 在图像处理领域应用十分广泛，在图像分割、边缘提取、图像去噪等方面也取得了较好的效果，图 1-13 为相关处理结果示意图。

(a) 原图　　　　　　(b) 图像分割　　　　　　(c) 边缘提取

图 1-13　PCNN 图像处理结果示意图

1.5.3　融合效果评价标准

融合效果评价是图像融合领域中的研究重点之一，由于人眼视觉的主观性和系统的复杂性，迄今为止，没有统一的图像融合评价标准。目前，从人的主观感受与图像客观信息的角度出发，学术界将评价标准划分为主观评价标准与客观评价标准两类。

1. 主观评价标准

主观评价是指通过人眼视觉系统的观察,对融合图像质量给出一个定性的评价,采用主观评价标准评价图像质量受观察者经验常识、图像类型、环境条件的影响较大。主观评价易实现,但主观性强,通常需要专业人员参与评价。根据参考对象的不同,主观评价可分为相对评价与绝对评价两类,相对评价即观察者参考标准图像对融合质量进行评价,绝对评价即观察者根据事先给定的评价标准或已有经验判断融合质量,表 1-2 为国际通用的 5 分制主观评价标准。

表 1-2　融合效果主观评价标准

分值	质量尺度	妨碍尺度
5 分	非常好	完全看不出图像质量变化
4 分	好	能看出缺陷,不影响观感
3 分	一般	缺陷明显,对观感稍有妨碍
2 分	差	妨碍观感
1 分	非常差	内容不清,非常严重妨碍观感

对于普通人,通常采用质量尺度,对于专业人员,通常采用妨碍尺度。为了保证图像主观评价具有全面性,参与评价的观察者数量应足够多。值得注意的是,若观察者熟悉图像内容,则容易发现缺陷,从而打分较低,而不熟悉内容的观察者则容易给出高分,导致图像的质量难以被准确反映。图像的平均主观意见分(Mean Opinion Score,MOS)用于衡量观察者群体对图像质量的平均评价,能够在一定程度上减弱内容熟悉度对评价结果的影响,以 $S(i)$ 表示第 i 个人所打分值,$0 \leqslant S(i) \leqslant 5$,则 MOS 的计算方式为

$$\text{MOS} = \frac{1}{n} \sum_{i=1}^{n} S(i) \tag{1-16}$$

2. 客观评价标准

通常情况下,主观评价的标准难以掌握,一方面原因是不清楚标准融合图像的状态,另一方面原因是图像融合的应用场景与应用目的各不相同,所以主观评价需要具有专业背景的人员参与。目前计算机在图像分析领域已经取代了人的大部分作用,图像融合也应该面向机器分析,故需要借助数学模型,用量化指标来衡量融合效果,才能对各融合方法的性能做出客观公正的对比。

客观评价标准中根据参考图像的有无可分为有参考图像评价标准与无参考图像评价标准,由于红外与可见光图像融合无标准图像可参考,所以本章选用无参考图

像评价标准作为评判融合质量好坏的依据。目前在红外与可见光图像融合领域，常用的客观评价标准主要有互信息（Mutual Information，MI）、标准差（Standard Deviation，STD）、平均梯度（Average Gradient，AG）、结构相似度（Structural Similarity Index，SSIM）等。分别用 A、B 与 F 表示源图像与融合图像，A、B、F 的大小均为 $M \times N$，则各指标的定义方式如下。

（1）互信息。MI 属于信息论中的概念，在图像融合中用于衡量源图像向融合结果信息转移量的多少，其定义为

$$MI = MI_{AF} + MI_{BF} \tag{1-17}$$

式中，MI_{AF} 与 MI_{BF} 分别表示源图像 A 和 B 转移到融合结果 F 中的信息量，可通过 KL(Kullback-Leibler)度量计算得到，计算方式如下

$$MI_{XF} = \sum_{x,f} p_{X,F}(x,f) \log \frac{p_{X,F}(x,f)}{p_X(x)p_F(f)} \tag{1-18}$$

式中，$X \in (A,B)$，表示图像来源，$p_X(x)$ 与 $p_F(f)$ 分别表示 X 与 F 的灰度分布概率密度函数，$p_{X,F}(x,f)$ 表示 X 与 F 的灰度分布联合概率密度函数。MI 值越大，表明 F 从 X 中获得的信息越多，融合效果越好。

（2）标准差。STD 反映 F 灰度相对平均灰度的离散情况，即图像内容的反差大小，标准差越大，灰度级分布越分散，图像对比度越高，从而视觉吸引力也越强。STD 定义如下

$$STD = \sqrt{\frac{\sum_{i=1}^{M}\sum_{j=1}^{N}(F(i,j)-\mu)^2}{M \times N}} \tag{1-19}$$

式中，μ 表示 F 的灰度均值，其计算方式为

$$\mu = \frac{1}{M \times N}\sum_{i=1}^{M}\sum_{j=1}^{N}F(i,j) \tag{1-20}$$

（3）平均梯度。AG 是对 F 中梯度信息的量化，图像的梯度信息通常与图像中微小细节反差与纹理变化有关，AG 越大，表明图像中的细节与纹理信息丰富度越高。AG 定义如下

$$AG = \frac{1}{MN}\sum_{i=1}^{M}\sum_{j=1}^{N}\sqrt{\frac{\nabla F_x^2(i,j)+\nabla F_y^2(i,j)}{2}} \tag{1-21}$$

式中，$\nabla F_x(i,j)$ 与 $\nabla F_y(i,j)$ 分别表示水平与垂直方向上的梯度变化，其计算方式如下

$$\begin{cases} \nabla F_x(i,j) = F(i,j) - F(i-1,j) \\ \nabla F_y(i,j) = F(i,j) - F(i,j-1) \end{cases} \tag{1-22}$$

(4) 结构相似度。SSIM 用于衡量 F 与 X 在结构信息上的相似程度，从而判断融合过程中结构信息损失的多少。该标准由相关性、亮度与对比度损失三部分乘积构成，其定义如下

$$\mathrm{SSIM}_{X,F} = \sum_{x,f} \frac{2\mu_x \mu_f + C_1}{\mu_x{}^2 + \mu_f{}^2 + C_1} \cdot \frac{2\sigma_x \sigma_f + C_2}{\sigma_x{}^2 + \sigma_f{}^2 + C_2} \cdot \frac{\sigma_{xf} + C_3}{\sigma_x \sigma_f + C_3} \tag{1-23}$$

式中，x 与 f 表示滑动窗口内 X 与 F 的图像块，μ_x 与 μ_f 表示对应的图像块均值，σ_x 与 σ_f 表示对应的标准差，σ_{xf} 表示两者的协方差。采用 SSIM 衡量图像结构相似度时，通常取 $C_1 = C_2 = C_3 = 0$，此时，融合图像与源图像的结构相似度可表示为

$$\mathrm{SSIM}(A,B,F) = \frac{1}{2}(\mathrm{SSIM}_{A,F} + \mathrm{SSIM}_{B,F}) \tag{1-24}$$

(5) 边缘保持度(The Edge Strength and Orientation Preservation，$Q^{AB/F}$)。$Q^{AB/F}$ 用于衡量 X 转移至 F 的边缘信息量，图像中边缘强度与方向信息的多少决定了其内容的丰富度，$Q^{AB/F}$ 值越大，表示融合过程中源图像转移到融合图像的边缘信息越多，说明融合图像质量越高。$Q^{AB/F}$ 的定义如下

$$Q^{AB/F} = \frac{\displaystyle\sum_{i=1}^{N}\sum_{j=1}^{M} Q^{AF}(i,j)w^A(i,j) + Q^{BF}(i,j)w^B(i,j)}{\displaystyle\sum_{i=1}^{N}\sum_{j=1}^{M}(w^A(i,j) + w^B(i,j))} \tag{1-25}$$

式中，$Q^{XF}(i,j) = Q_g^{XF}(i,j)Q_a^{XF}(i,j)$，$Q_g^{XF}(i,j)$ 与 $Q_a^{XF}(i,j)$ 分别表示点 (i,j) 处的边缘强度与方向值，w^X 表示源图像边缘信息对融合图像边缘信息的贡献权重。

1.6　本篇主要研究内容

本篇对无人机红外与可见光图像像素级融合技术进行了研究，共分 4 章，各章节的安排及主要研究内容如下。

第 1 章阐明研究背景及意义，从应用与学术层面介绍了国内外图像配准及融合技术的研究现状。首先对比了红外与可见光的成像特性，在此基础上，介绍了图像配准与融合的相关概念、方法及效果评价标准，并简要概述了本篇的主要工作。

　　第 2 章论述了形态学边缘检测对后续配准的重要性，介绍了改进后的 ORB 算法及基于网格的运动统计（Grid-based Motion Statistics，GMS）与渐近一致采样法（Progressive Sample Consensus，PROSAC）的双重误匹配剔除算法，并通过实验验证了方法的有效性。

　　第 3 章简单介绍了多尺度分解方式 NSDTCT，对分块策略及融合规则进行了说明，通过与其他方法的对比，验证了方法的可靠性。

　　第 4 章对 IHS 空间变换的数学模型及特点进行了说明，解释了目标增强的必要性，通过实验验证了本章方法相较于其他彩色图像融合方法在色彩自然度及目标对比度上的优势。

第2章 基于形态学边缘检测与改进ORB的图像配准

2.1 引　言

　　无人机上的机载红外或可见光传感器在成像过程中，受成像距离、角度及机载平台抖动等因素的影响，同一场景下得到的源图像之间，通常存在旋转、平移与缩放等畸变，导致分辨率不一致，且目标在图像中的位置、大小等也会存在差异，而像素级融合对分辨率及图像大小、空间位置上的对齐程度有严格要求，因此，在融合前需要通过图像配准消除畸变因素，使源图像满足融合条件。由于红外与可见光成像机理不同，两者的灰度差异较大，同一区域在两类不同的图像中表现形式各不相同，而同源配准方法建立在同源图像之间颜色或灰度信息的高度相似性上，因此，目前大多数针对同源图像的配准方法难以适用红外与可见光图像配准[21]。

　　在红外与可见光图像配准方面，基于灰度的配准方法对灰度信息的依赖较大，鲁棒性差，因此红外与可见光图像配准主要以基于特征的配准方法为主。文献[22]在提取源图像显著图的基础上，利用FAST与EOH检测与描述特征点。文献[23]提出一种基于边缘引导与SURF配准方法，用于多模态图像配准。文献[24]为了解决特征点匹配正确率低的问题，提出一种基于扩散方程和相位一致模型的配准算法。文献[25]为提高不同场景下的特征点检测的稳定性，提出一种基于自适应特征点检测的配准方法。文献[10]提出一种基于斜率一致性的配准方法，并将其用于电气设备场景中。文献[26]提出一种基于SURF特征点检测和自适应阈值的配准算法，并将其用于红外图像拼接中。文献[27]提出一种基于R-MI-rényi测度的由粗到精红外与可见光图像配准方法，提高了配准精度与鲁棒性。文献[28]为了降低灰度差异对配准精度的影响，提出一种基于显著性检测和ORB特征点的图像配准算法。文献[29]对单帧配准方法进行扩展，提出一种基于时空关联的图像序列自动配准算法，用于解决视频间的配准。上述方法从如何提高鲁棒性、配准精度及减弱灰度差异对特征点检测的影响等方面对红外与可见光配准进行研究，但在基于点特征的配准方法研究中，对于如何快速剔除特征点匹配后的误匹配点对，以提高整个配准过程的实时性与精度，目前的研究相对较少。实际情况下，如果不能兼顾配准速度与精度，算法将难以用于工程实践当中。

　　为了能够兼顾配准速度与精度，本章介绍了一种基于形态学边缘检测与改进ORB的红外与可见光图像配准方法。利用形态学边缘检测提取源图像的边缘图像，以减弱灰度差异对特征点提取的影响；采用ORB提取并描述边缘图像中的特征点，并利用汉明距离对特征点进行粗匹配，以 GMS 算法剔除误匹配对；最后通过渐近一致采样法 PROSAC 计算单应性矩阵，完成红外与可见光图像的配准。

2.2　算法框架

配准算法分为边缘检测、特征点检测与描述、特征点匹配、误匹配剔除、变换矩阵计算五部分。为了得到清晰明亮的边缘信息，采用形态学边缘检测算子提取边缘图像；为了快速检测并描述特征点，特征点检测与描述阶段采用 ORB 算法；由于 ORB 算法的描述符为二进制符，所以采用汉明距离匹配特征点；在此基础上，采用 GMS 算法快速准确剔除误匹配点对，并利用 PROSAC 算法计算变换矩阵参数；最后，根据变换矩阵参数完成配准。算法框架如图 2-1 所示。

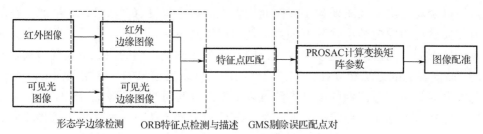

图 2-1　算法框架图

2.2.1　形态学边缘检测

以 f 表示待处理图像，S 表示结构元素，当 S 包含坐标原点时，根据数学形态学的膨胀、腐蚀、开、闭运算的定义及扩张性，形态学基本运算定律可表示为

$$f \oplus S \geq f \cdot S \geq f \geq f \circ S \geq f \ominus S \tag{2-1}$$

式中，$\oplus$、$\ominus$、$\circ$、$\cdot$ 分别表示膨胀、腐蚀、开、闭运算。在此基础上，首先对源图像进行形态学滤波，消除噪声对检测结果的影响，而后利用边缘检测算子检测图像边缘，该过程可表示为

$$\begin{cases} D = \dfrac{1}{2}[(f \cdot S) \circ S + (f \circ S) \cdot S] \\ E = (D \cdot S) \circ S - (D \cdot S) \ominus S \end{cases} \tag{2-2}$$

其中，D 表示滤波后的图像，E 表示边缘检测算子。

为了提高边缘检测算子的方向性，有效检测出强度与方向各不相同的边缘，构造水平、垂直与对角线方向上的结构元素 S_i，分别定义 S_1=[0 1 0;0 1 0;0 1 0]，S_2=[1 0 0;0 1 0;0 0 1]，S_3=[0 0 0;1 1 1;0 0 0]，S_4=[0 0 1;0 1 0;1 0 0]。对于一个 3×3 的区域，以点

(x,y)表示图像中像素点的坐标，以$[a_1\ a_2\ a_3;\ a_4\ a_5\ a_6;\ a_7\ a_8\ a_9]$表示区域中的灰度值，当结构元素的方向与图像边缘梯度方向一致时，能够有效检测出图像中的细节信息[10]。通过计算图像子块中四个方向上的灰度变化，判断可能的边缘梯度走向，图像中每个子块内的邻域间差值的绝对值和结构元素的对应匹配关系如表 2-1 所示。

表 2-1　差分绝对值与相应结构元素

差分绝对值	结构元素	计数值
$I_1 = \left\| \sum_{i=1}^{3} a_i - \sum_{i=7}^{9} a_i \right\|$	S_1	C_1
$I_2 = \left\| \sum_{i=1}^{2} a_i + a_4 - \sum_{i=8}^{9} a_i - a_6 \right\|$	S_2	C_2
$I_3 = \left\| \sum_{i=0}^{2} a_{3i+1} - \sum_{i=1}^{3} a_{3i} \right\|$	S_3	C_3
$I_4 = \left\| \sum_{i=7}^{8} a_i + a_4 - \sum_{i=2}^{3} a_i - a_6 \right\|$	S_4	C_4

在对同一区域进行计算时，若结构元素S_i所对应的差分绝对值I_i最大，表示S_i能够更好地反映该区域内边缘的走向，则对S_i进行一次计数。通过遍历图像中所有区域，得到S_i的总计数次数C_i，而后根据C_i计算S_i产生的边缘检测结果E_i在最终检测结果中所占比重W_i，最后通过W_i得到最终边缘检测结果E。该过程可表示为

$$\begin{cases} W_i = C_i / \sum C_i, \quad i = 1,2,3,4 \\ E = \sum_{i=1}^{4} W_i E_i \end{cases} \tag{2-3}$$

图 2-2 为不同边缘检测算子对 Lena 图像的边缘检测效果图,通过对比可以发现,形态学边缘检测提取到的边缘特征更粗大明亮。在基于边缘检测的特征点提取中,突出的边缘特征有利于提取到数量更多、分布更均匀的特征点,而足够数量、分布均匀的特征点有助于提高后续特征点匹配的数量与正确率。因此,形态学边缘检测更适合后续的特征点提取。

(a) 原图　　　　　　　　　　(b) Laplace　　　　　　　　　(c) Robert

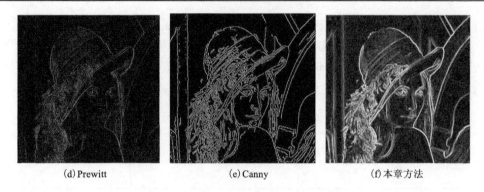

(d) Prewitt　　　　　　　　(e) Canny　　　　　　　　(f) 本章方法

图 2-2　　不同检测算法的边缘检测效果图

2.2.2　改进的 ORB 算法

ORB 包括 FAST 特征点检测与 BRIEF 特征点描述两部分，是一种相比于 SIFT 或 SURF 更为快速的特征点提取和描述算法，能够实现特征点的快速提取并采用二值化的 BRIEF 特征描述子描述特征点。然而 ORB 并不具备尺度不变性，在图像尺度突变时，特征点的匹配的精度大大降低，增加了误匹配的概率。针对 ORB 算法不具备尺度不变性的缺陷，本节提出一种改进的 ORB 算法。

文献[7]指出，尺度空间与哺乳动物的视觉感知系统具有极高的相似性，对于未知场景，由于计算机无法预先判断图像中目标所处的尺度，所以，需要同时考虑图像在多尺度下的描述，以获知感兴趣物体的最佳尺度。SIFT 使用高斯差分(Difference of Gaussian, DOG)生成尺度空间，保证了良好的尺度不变性，改进的 ORB 借鉴 SIFT 的尺度空间生成方式，通过利用 DOG 生成尺度空间，从而弥补 ORB 不具备尺度不变性的缺陷。对于图像 $I(x,y)$，通过与高斯核进行卷积运算，得到不同尺度下的尺度空间表示 $L(x,y,\sigma)$。DOG 尺度空间生成示意图如图 2-3 所示。

图 2-3 的计算流程如下

$$L(x,y,\sigma) = G(x,y,\sigma) * I(x,y) \tag{2-4}$$

$$D(x,y,\sigma) = [G(x,y,k\sigma) - G(x,y,\sigma)] * I(x,y) = L(x,y,k\sigma) - L(x,y,\sigma) \tag{2-5}$$

式中，$*$ 表示同时在 x 与 y 方向上进行卷积运算，$G(x,y,\sigma)$ 表示高斯核，σ 为尺度因子。通过对同一尺度下相邻的尺度空间取差，得到高斯差分尺度空间 $D(x,y,\sigma)$，k 为常数因子，表示两个相邻尺度空间的间隔。

2.2.3　特征点提取、描述与匹配

由于 FAST 特征点检测算法原理简单、检测速度快，所以采用 FAST 进行特征点检测。改进的 ORB 通过引入高斯差分尺度分解，将原图像分解为 n 个不同尺度下

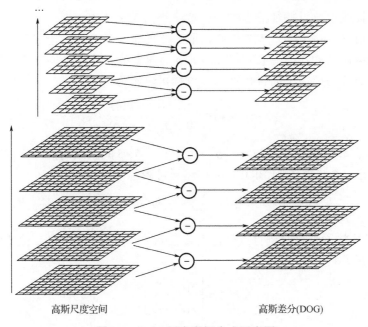

高斯尺度空间　　　　　　　　　　　　　高斯差分(DOG)

图 2-3　DOG 尺度空间生成示意图

的子带图像，而后在子带图像上利用 FAST 检测特征点。首先通过 FAST 特征点检测算法检测不同尺度图像的特征点。以像素点 p 为圆心，计算半径为 r 的圆上其他像素点与 p 的灰度值之差并对绝对值进行求和，得到总差值 m，设置阈值为 ε，当满足 $m>\varepsilon$ 时，将点 p 视为特征点。在提取到整幅图像的特征点后，计算各特征点的 Harris 角点响应值，根据响应值大小排序，取前 n 个作为最终检测到的特征点，得到最终的特征点提取结果。图 2-4 为 FAST 特征点检测原理图。

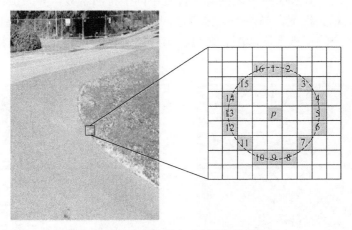

图 2-4　FAST 特征点检测原理图

特征点描述中，以特征点为中心，取大小为31×31的邻域，而后在邻域内随机选取像素点对 (a,b)，以 a、b 为中心，取5×5的子窗口并比较子窗口内的均值大小进行二进制编码。相比于直接比较点 a、b 的像素值，能够减弱噪声对特征点描述的影响，进而提高描述符的鲁棒性。该过程可表示为

$$\tau(p;a,b) = \begin{cases} 1, & p(a) < p(b) \\ 0, & p(a) \geqslant p(b) \end{cases} \tag{2-6}$$

式中，$p(a)$、$p(b)$ 分别表示以 a、b 点为中心，5×5的区域内的像素均值，设在特征点邻域内取 n 个点对，则 BRIEF 的描述子可表示为

$$f_n(p) = \sum_{1 \leqslant i \leqslant n} 2^{i-1} \tau(p; a_i, b_i) \tag{2-7}$$

ORB 算法将所有点对进行旋转，对于任意点 (x_i, y_i) 上的 n 个二值描述符，定义如下的 $2 \times n$ 的矩阵

$$S = \begin{bmatrix} x_1, \cdots, x_n \\ y_1, \cdots, y_n \end{bmatrix} \tag{2-8}$$

为了使 BRIEF 具有旋转不变性，利用质心角 θ 建立旋转矩阵 R_θ，则旋转后的特征点对矩阵可表示为

$$S_\theta = R_\theta S \tag{2-9}$$

定向后的 ORB 算子的描述符可表示为

$$g_n(p, \theta) = f_n(p) \big| (x_i, y_i) \in S_\theta \tag{2-10}$$

特征点匹配阶段，由于描述符为二进制形式，粗匹配时采用汉明距离进行匹配，汉明距离表示两个等长字符串之间对应位置不同字符的个数，其大小体现了两个二进制字符串的相关程度。当两个关键点之间的最短和次最短汉明距离比例小于 0.5 时，认为这两个特征点能够匹配。图 2-5 为航拍可见光与红外图像的特征点提取与粗匹配结果。

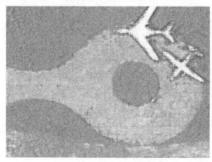 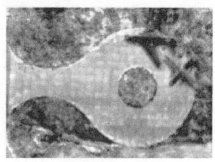

(a) 可见光特征点检测结果　　　　　　　　　　(b) 红外特征点检测结果

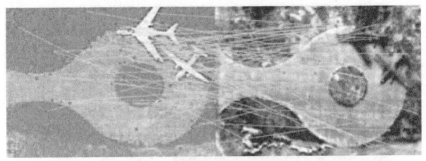

(c) 特征点粗匹配结果

图 2-5　红外与可见光特征点检测与粗匹配效果图 (见彩图)

从图 2-5 (c) 中可以看出，粗匹配阶段存在大量的误匹配点对，如果直接将这些匹配点对用于计算变换模型参数，将产生较大的配准误差。为了能够得到更精确的变换模型参数，提高配准的精度，需要对粗匹配结果进行误匹配点对的剔除。

2.3　基于 GMS 与 PROSAC 的双重误匹配剔除

2.3.1　基于 GMS 的误匹配剔除

运动平滑性表明响应集群随机出现的可能性极低。如果运动平稳，相邻像素和特征会随之一起移动，根据贝叶斯准则，正确的匹配在运动空间中是平滑的，运动平滑性导致在正确匹配点的一个较小的邻域内存在大量的匹配点，反之，错误的匹配点在其邻域内含有的匹配点数量较少。基于网格的运动统计算法 (GMS) 将运动平滑性约束转化为统计量，通过统计匹配点邻域内其他匹配点的数量来快速判断该匹配点对的正误，从而提高匹配质量。图 2-6 为 GMS 原理示意图。

假设图像 I_a 和 I_b 中分别提取到 N 个与 M 个特征点，采用暴力匹配算法得到两幅图像的匹配点对集合为 $\chi = \{x_1, x_2, \cdots, x_N\}$，GMS 通过分析匹配点对邻域内的其他匹配点对数量来分离集合 χ 中的正确匹配与错误匹配。区域 a 与区域 b 分别为图像 I_a 和 I_b 的子区域，其分别含有 n 个和 m 个特征点，f_a 表示区域 a 的支持特征，正确匹配概率为 t，如果 f_a 匹配错误，那么其最近邻匹配点在 I_b 中的位置是随机的。因此当 f_a 匹配错误时，其匹配点位于区域 b 的概率可表示为

$$p(f_a^b | f_a^f) = \frac{\beta m}{M} \tag{2-11}$$

式中，f_a^b 表示 f_a 最近邻匹配特征点位于区域 b 中，f_a^f 表示 f_a 匹配错误，β 表示设定的调节参数。当区域 a 与区域 b 指向同一区域时，f_a 最近邻匹配特征点位于区域 b 中的概率 p_t 可表示为

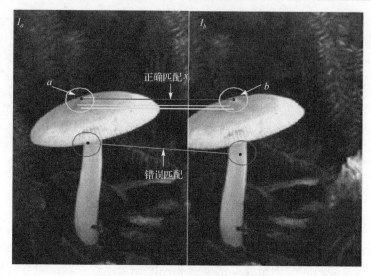

图 2-6　GMS 原理示意图（见彩图）

$$p_t = t + (1-t)\beta m/M \qquad (2\text{-}12)$$

当区域 a 与区域 b 指向不同区域时，f_a 最近邻匹配特征点位于区域 b 中的概率 p_f 可表示为

$$p_f = \beta(1-t)(m/M) \qquad (2\text{-}13)$$

由于区域 a 与区域 b 较小，且每个特征点的匹配相互独立，所以匹配点对 x_i 邻域内其他匹配点对的数量 S_i 的计算公式为

$$S_i = |\chi_i - 1| \qquad (2\text{-}14)$$

式中，χ_i 为区域 a 与 b 中匹配点对的总量。而 S_i 服从如下的二项分布

$$S_i \sim \begin{cases} B(n, p_t), & x_i \text{ 为正确} \\ B(n, p_f), & x_i \text{ 为错误} \end{cases} \qquad (2\text{-}15)$$

从上式可知，由于正确与错误匹配的概率分布不同，如果分布的均值相对于标准差有足够大的分离度，则可通过适当的阈值区分正确错误的匹配。该过程如图 2-7 所示。

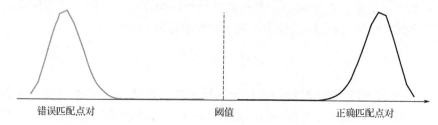

图 2-7　正误匹配分离示意图

由于足够多的匹配点对才能保证统计结果的可靠性，而 GMS 对误匹配的剔除是建立在正确与错误匹配统计特征不一样的基础上，所以采用 GMS 对匹配点对进行筛选，对特征点数量有一定要求，只有这样才能保证产生大量的匹配点对。在特征点提取阶段与粗匹配阶段，降低 FAST 特征提取阈值与匹配阈值，能够在一定程度上增加特征点匹配对的数量。

2.3.2　基于 PROSAC 的二次误匹配剔除

尽管 GMS 具有较高的误匹配剔除正确率，但其不具备计算变换模型参数的能力，且误匹配经过 GMS 剔除后，仍然会保留大量的匹配点对，如果直接用这些点对计算变换模型参数，计算量极大。为了能够得到变换参数，降低计算量，需要对 GMS 的处理结果进行匹配点对二次剔除。

目前计算变换模型参数的方法主要有最小二乘法与随机抽样一致性(Random Sample Consensus，RANSAC)[21]算法。最小二乘法所得到的变换矩阵模型能够适用于包括外点在内的所有匹配点对，精度较低。RANSAC 算法能够从一定程度上消除外点，然而需要人为设置阈值区分外点与内点，在缺乏先验条件的情况下容易产生较大误差，且 RANSAC 算法均匀地从整个集合中采样，影响了计算速度。与上述两者相比，渐近一致采样法(Progressive Sample Consensus，PROSAC)通过对样本质量好坏进行降序排列，从不断增加的最佳对应点集合中抽取样本，而后经过多次验证得到最优估计解，可以降低计算量，提高运行速度与计算精度。PROSAC 的具体步骤如下。

步骤 1　设置迭代次数、内点数目阈值和误差范围。

步骤 2　根据欧氏距离对样本数据按质量好坏降序排序，然后选取前 n 个质量较高的数据。

步骤 3　从步骤 2 中得到的 n 个数据中，随机采样 m 个数据用于计算矩阵参数，统计与此矩阵参数误差小于误差范围的内点数目。

步骤 4　若内点数目大于等于阈值，则循环结束，若小于设定阈值，则将迭代次数加 1，并返回步骤 3。

2.4　仿真实验与结果分析

2.4.1　实验仿真结果

本章选择两种不同情况下的红外与可见光图像进行配准，选用基于 SIFT 与 RANSAC[21]、基于斜率一致性与 SURF[10]、基于显著性与 ORB[28]三种算法进行对比，采用均方根误差客观评价配准效果。

第一组情况为航拍的机场，红外与可见光图像采集的角度与位置大致相同，但两幅图像分辨率不一致，存在缩放与平移畸变。其中，红外图像为486×333，可见光图像为250×188，图2-8(a)为文献[21]的配准结果，图2-8(b)为文献[10]的配准结果，图2-8(c)为文献[28]的配准结果，图2-8(d)为本章方法的配准结果。

(a) 文献[21]的配准结果

(b) 文献[10]的配准结果

(c) 文献[28]的配准结果

(d) 本章方法的配准结果

图 2-8　第一组中不同方法的配准结果比较

　　第二组情况为航拍的居民区，红外与可见光图像采集的角度与位置均不相同，且红外与可见光图像分辨率也不一致，存在缩放、平移及旋转畸变。其中，红外图像为 256×320，可见光图像为 2420×1916，最终得到的匹配结果如图 2-9 所示。

(a) 文献[21]的配准结果

(b) 文献[10]的配准结果

(c) 文献[28]的配准结果

(d) 本章方法的配准结果

图 2-9　第二组中不同方法的配准结果比较

2.4.2　配准结果分析

文献[21]中首先将源图像分解为低频与高频子带图像,以 SIFT 提取低频子带图像的特征点并对经典 RANSAC 进行改进,利用 RANSAC 剔除误匹配点对;文献[10]中利用 SURF 提取特征点,根据特征点的斜率一致性进行匹配,而后利用最小二乘法剔除误匹配点对;文献[28]中通过提取显著图的方式消除灰度差异,采用 ORB 检测与匹配特征。尽管以上方法与原始的 SIFT、SURF 等算法相比,匹配速度与精度均有较大提高。但从匹配结果来看,在特征点匹配的一致性上,本章方法表现更好。

由于本章方法采用 GMS 与 PROSAC 对粗匹配进行了二次剔除误匹配,所以从两组实验的配准整体效果来看,本章方法产生的匹配点对数最少,但准确性更高。文献[21]利用 SIFT 算法提取和描述特征点,利用 RANSAC 剔除误匹配点对,从结果来看,虽然在特征点匹配数量上占优势,但匹配点对的错误率较高,当误匹配对较多时,剔除准确率将会下降;文献[10]采用 SURF 检测特征点,通过正确匹配点间的斜率一致性关系,利用最小二乘法计算变换模型参数,但最小二乘法并不具有剔除误匹配的功能,且由于需要计算匹配点对之间的斜率并比较,计算量较大,耗时较长;文献[28]通过显著性检测提取红外与可见光图像的共同特征,利用 ORB 算法匹配特征点,并根据特征点方向分组进行匹配,一定程度上降低了误匹配的概率,但过程较为复杂,配准效果与本章方法相比,有一定的差距。表 2-2 为本章方法与对比方法在匹配时间、特征点匹配正确率与 RMSE 上的对比。

表 2-2　本章方法与对比方法的比较

	第一组			第二组		
	RMSE	准确率/%	t/s	RMSE	准确率/%	t/s
文献[21]	1.7614	79.19	18.6582	2.2036	76.43	18.8301
文献[10]	1.6207	83.07	9.3966	1.7418	81.69	10.4233
文献[28]	1.4053	88.96	7.4013	1.6830	87.86	9.3968
本章方法	0.9120	96.63	5.9387	0.8203	94.23	7.8346

从表 2-2 中可以看出,本章方法的在 RMSE 上明显低于其他三种方法,同时匹配的准确率更高,证明了采用 GMS+PROSAC 剔除误匹配,提高配准精度的有效性。在匹配时间上,本章方法为了消除灰度差异对匹配精度与正确率的影响,采用基于形态学的方法提取边缘图像,虽然对误匹配进行了二次剔除,但是与文献[10]与文献[28]的方法相比,并没有延长特征点的匹配时间;文献[21]中利用 NSCT 分解源图像,但 NSCT 分解过程复杂,效率较低,因此与文献[21]的方法相比,本章方法在匹配时间要明显占优。综合考量,本章方法在特征匹配上性能更佳,更适用于红外与可见光图像的配准。

2.5　本 章 小 结

为了实现快速高精度的红外与可见光图像配准，本章设计了一种基于形态学边缘检测与改进 ORB 的配准方法。针对传统 ORB 算法不具备尺度不变性的缺陷，在特征点检测阶段加入 DOG 金字塔对传统 ORB 进行改进；采用汉明距离对特征点进行粗匹配，为了快速准确地剔除误匹配点对，提高配准的实时性与精度，采用 GMS 算法对粗匹配结果中的匹配点对进行筛选，并利用 PROSAC 计算变换矩阵参数，完成图像间的畸变校正，实现红外与可见光图像的配准。实验的结果表明，本章方法提高了配准的实时性，达到了亚像素级配准精度，为原始图像满足融合条件奠定了基础。

第 3 章　基于 NSDTCT 与自适应分块的图像融合

3.1　引　言

第 2 章主要对红外与可见光图像配准进行了研究，但配准是为了使原始图像满足融合条件，因此在配准的基础上，还需进一步研究如何融合红外与可见光图像中的信息。目前，学术界将红外与可见光图像融合划分为灰度级与彩色级两种，而针对灰度级融合的研究，是彩色级融合能够顺利展开的前提。因此本章对灰度级红外与可见光图像融合展开研究。

红外图像反映场景中目标的热辐射特性，能够在光照不佳、大雾等极端恶劣的条件下发现隐藏的目标，然而分辨率较低且纹理特征模糊；可见光图像具有更高的分辨率，包含丰富的场景细节信息，但是难以发现低光照或隐蔽条件下的目标。通过融合红外与可见光图像，可获得更加全面、可靠、丰富的场景信息，从而提高目标识别、目标检测的准确率。

目前，基于多尺度变换的图像融合方法常用于红外与可见光图像融合，相关研究表明多尺度变换与人的视觉特性相一致，因此能够确保融合图像具有更好的视觉效果[2]。其中，NSCT 与 NSST 具有更好的多分辨率与多方向性，能够最优逼近图像中各向异性的信息，因此被作为主要的图像分解方式。王峰[30]等利用剪切波变换融合红外与可见光图像，提高了融合图像的清晰度。邓立暖[31]等采用 NSST 分解源图像，消除了融合图像的吉布斯效应，同时使融合图像更符合人眼视觉特性。冯鑫[32]等提出基于变分多尺度的融合方法，解决了变换域融合法对强噪声抑制能力差的问题。殷明[33]等针对高频子带系数数据量较大的特点，提出了基于压缩感知(Compress Sensing，CS)与脉冲耦合神经网络(PCNN)的融合规则。朱浩然[34]等针对低照度环境下拍摄的可见光图像可视性较差，直接与红外图像融合会导致清晰度较低的问题，提出一种基于对比度增强与多尺度边缘保持分解的图像融合方法。何炳阳[35]等针对已有红外和可见光图像融合算法存在的复杂度高、实时性差等缺陷，提出了红外和可见光图像泊松融合算法。以上方法从对比度、鲁棒性等角度对融合方法进行设计和改进，取得了较好的融合效果。然而对分解产生的低频与高频子带图像单独设计融合规则，融合过程中忽视了低频系数与高频系数在空间位置上的对应关系，容易导致融合系数选择错误，造成边缘纹理等细节信息的遗失，降低融合图像的对比度与清晰度。刘羽[36]等在多聚焦图像融合中，以低频融合结果产生的标签图指导高频系数融合，取得了较好的融合效果，为解决该问题提供了新的解决思路。但红外与可见光的灰度差异较多，聚焦图像大，且所采用的小波分解方式只能表示有限个方向上的奇异信息，容易遗漏源图像的细微纹理边缘等信息；而差分进化算法收敛速度慢、全局搜索能力弱，导致该方法用于融合红外与可见光图像时，容易产生块效应，造成融合图像视觉效果突兀，因此该方法并不适用于红外与可见光图像融合。

针对红外与可见光图像的特点，本章介绍一种结合非下采样双树复轮廓波变换 (Non -Subsampled Dual-Tree complex Contourlet Transform，NSDTCT) 与自适应分块的红外与可见光图像融合算法，采用果蝇优化算法 (Fruit Fly Optimization Algorithm，FOA) 对 NSDTCT 分解产生的低频子带图像进行自适应分块，而后利用低频融合结果生成的标签图，引导高频子带图像的融合，最终通过 NSDTCT 反变换得到融合图像。

3.2 相 关 理 论

3.2.1 NSDTCT

NSDTCT[31]是一种新的多尺度变换方式，由双树复小波变换 (Dual-Tree Complex Wavelet Transform，DTCWT) 与非下采样方向滤波器组 (Non-Subsampled Directional Filter Bank，NSDFB) 级联而成，采用 DTCWT 中的双树分解结构作为多尺度分解方法，每一级分解得到 6 个不同方向上的高频分量，而后利用 NSDFB 对高频分量进行多方向滤波，增强 DTCWT 的方向选择性，提高了分解效率和捕捉源图像细微边缘与纹理信息的能力。NSDTCT 的分解结构如图 3-1 所示。

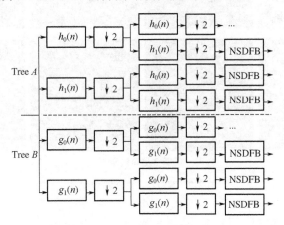

图 3-1 NSDTCT 的分解结构图

图 3-2 为 NSDTCT 分解 Zoneplate 图像得到的效果图。其中，NSDTCT 尺度分

解层数为 3, 第 1～3 层子带图像对应的方向分解数分别为 2^0、2^2、2^3。在融合过程中, 由于不能提前预知融合结果, 所以变换方法重构精度对提高融合结果的质量至关重要, 从图中可以看出, NSDTCT 不仅能够较好地表征图像各方向细节信息, 且可以较精确地重构原图像, 因此, 采用 NSDTCT 作为本章融合方法中的多尺度变换方式。

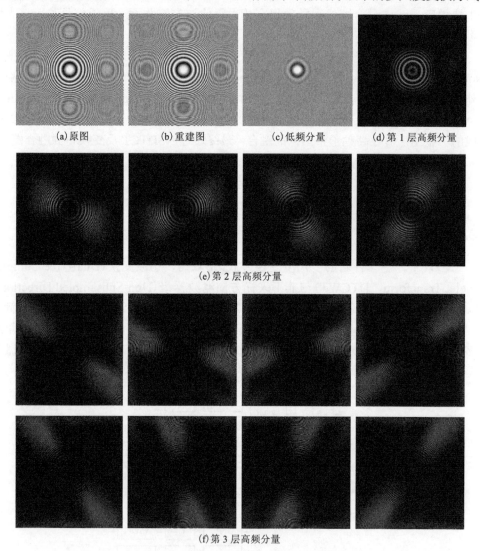

(a)原图   (b)重建图   (c)低频分量   (d)第 1 层高频分量

(e)第 2 层高频分量

(f)第 3 层高频分量

图 3-2　NSDTCT 分解效果图

3.2.2　果蝇优化算法

FOA[37]通过模拟果蝇种群的觅食行为, 采用群体协作的机制进行寻优操作, 整个算法仅包括嗅觉搜索和视觉搜索两部分，关键参数仅为种群数目和最大迭代搜索次数，作为一种通用型算法，FOA 不依赖于求解问题的具体信息，性能提升空间较大，且控制参数少、寻优机制简单、收敛速度快，可被应用于图像融合与图像检索领域脉冲耦合神经网络的参数优化。图 3-3 给出了 FOA 搜索优化的简要过程。

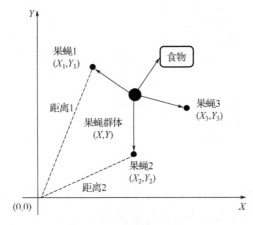

图 3-3　FOA 搜索优化示意图

图 3-3 中，果蝇代表优化对象，食物表示目标函数。标准 FOA 采用基于种群的全局随机搜索策略，通过跟踪当前最优解的信息来指导种群的下一步搜索，使得种群能够以当前最优解为中心开展局部随机搜索，并朝着更优的方向搜索前进。

3.3　融合步骤与策略

3.3.1　融合方案

本章方法建立在两幅图像经过精确配准的前提下，融合方案分为 NSDTCT 分解、低频分量初始融合、低频融合结果精细化、高频分量融合与 NSDTCT 重构五个步骤，该方案实现过程如图 3-4 所示。

　　步骤 1　NSDTCT 分解。对红外图像与可见光图像进行 NSDTCT 分解，得到的低频分量系数分别表示为 L_{IR} 与 L_{VIS}，高频分量分别表示 H_{IR} 和 H_{VIS}。

　　步骤 2　低频分量初始融合。采用自适应尺寸分块法融合低频分量系数，改进的果蝇优化算法用于求解块的最优尺寸。

　　步骤 3　低频融合结果精细化。判断低频初始融合结果中图像块的来源，将其来源图像块分为红外图像块、可见光图像块和边界块三类。通过对边界块的每个像素进行精细判断，得到一幅精确到像素的来源标签图，据此修正低频融合结果，得到融合图像的低频分量 L_F。

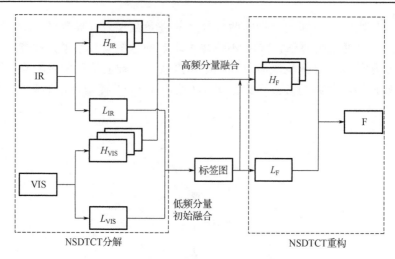

图 3-4　本章融合方案

步骤 4　高频分量融合。将步骤 3 中得到的来源标签图与基于局部拉普拉斯能量的方法相结合，得到融合图像的高频分量 H_F。

步骤 5　NSDTCT 重构。对步骤 3 与步骤 4 中融合图像的低频与高频分量做 NSDTCT 反变换，实现融合图像的重构。

3.3.2　基于 FOA 算法优化的自适应分块

低频分量的初步融合分为图像块划分与块选择两部分。源图像的低频分量反映其结构特征，集中了源图像的大部分能量，红外与可见光图像的低频分量存在一定的结构相似性。结构相似度 SSIM 作为一种常用的融合图像客观评价指标，是衡量图像间结构相似性的重要依据，为了保持低频分量融合结果的结构完整性，选用源图像低频分量与其初步融合图像的结构相似度作为 FOA 的适应度函数。以 L_{IR} 与 L_F 的结构相似度为例，其定义为

$$\text{SSIM}(L_{IR},L_F) = \frac{(2u_{L_{IR}}u_{L_F}+C_1)(2\sigma_{L_{IR},L_F}+C_2)}{(u_{L_{IR}}^2+u_{L_F}^2+C_1)(\sigma^2+\sigma_{L_F}^2+C_2)} \tag{3-1}$$

式中，$u_{L_{IR}}$、u_{L_F} 分别表示红外图像的低频分量 L_{IR} 与低频分量融合图像 L_F 的区域均值，$\sigma_{L_{IR}}$、σ_{L_F} 分别表示两者的区域方差，σ_{L_{IR},L_F} 表示两者在该区域的联合方差，区域大小采用 11×11 的高斯窗口，为了简化计算，C_1 和 C_2 均取 0。L_{IR}、L_{VIS} 与 L_F 的结构相似度定义为

$$\text{SSIM}(L_{IR},L_{VIS},L_F) = \frac{1}{2}[\text{SSIM}(L_{IR},L_F)+\text{SSIM}(L_{VIS},L_F)] \tag{3-2}$$

为了解决因随机生成的初始解离最优解距离过远，导致全局收敛速度下降，求

解精度降低的问题，利用反向学习策略对 FOA 初始解的生成过程进行改进，以提高求解效率。设种群数为 N，解空间维度为 D，随机生成的初始解为 $X_{ij}(1\leqslant i\leqslant N,1\leqslant j\leqslant D)$，则生成反向解的过程可表示为

$$\overline{X_{ij}} = X_{ij}^{\min} + \mathrm{rand}(0,1)\cdot(X_{ij}^{\max}-X_{ij}) \tag{3-3}$$

式中，$X_{ij}^{\min}$ 表示个体 i 在 j 维度下的取值下限，$X_{ij}^{\max}$ 表示个体 i 在 j 维度下的取值上限，通过计算解空间内与随机生成的初始解成某种对称关系的解坐标，在对比两者的适应度函数值大小后做出取舍，得到新的初始解，从而缩小初始解与最优解之间的距离，提高求解效率。初始化改进后的 FOA 优化分块过程如图 3-5 所示。

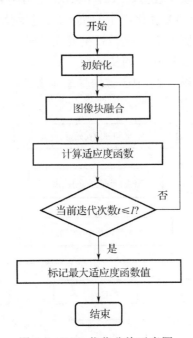

图 3-5　FOA 优化分块示意图

步骤 1　种群初始化。设置种群数量为 N，迭代次数为 T，搜索半径为 R，种群中每个个体代表一个 $M\times N$ 的图像块，M、N 作为待优化对象，不能超过图像的大小，即解空间的搜索范围。

步骤 2　图像块融合。对于 L_{IR} 与 L_{VIS} 中相同的块（同一个优化个体），采取区域能量取大的方式选择其中的某块作为融合结果中的块，所有图像块处理完毕以后即可得到低频分量的初始融合结果 L_{F}，计算该次迭代后 L_{F} 与 L_{IR}、L_{VIS} 的 SSIM，即 FOA 的适应度函数。

步骤 3　迭代搜索。FOA 每次迭代搜索分为视觉搜索与嗅觉搜索两步，采用的搜索策略为标准 FOA 的搜索策略，具体过程见文献[37]，在搜索半径为 R 的前提下

完成一次迭代搜索后，重复步骤 2 中的操作，计算该次迭代搜索得到的适应度函数的 max。

步骤 4 终止搜索。判断当前迭代次数 t 是否满足迭代上限，如果满足，则停止搜索，将迭代过程中最大的 max 作为本次优化的最优解，并退出循环，否则继续进行步骤 3 操作。

3.3.3 标签图的产生过程

生成标签图的目的主要为消除块效应和辅助高频分量融合。由于红外与可见光图像灰度差异较大，而低频分量初始融合结果 L_F 是由图像块拼接而成，这些图像块来源于 L_{IR} 或 L_{VIS} 中通过 FOA 优化产生的块，如果仅利用 L_F 去重构融合图像 F，容易产生块效应，造成融合图像 F 的视觉效果突兀，降低融合质量。为了解决以上问题，需要精细化处理 L_F，以消除 F 的块效应，提高融合图像的视觉效果。而精细化处理的关键就是生成能够确定 L_F 中图像块像素来源的标签图，标签图的产生过程如图 3-6 所示。

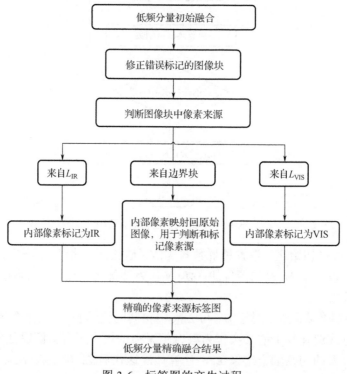

图 3-6　标签图的产生过程

首先需要修正 L_F 中图像块的来源，假设 L_F 中某块图像来源于 L_{IR}，而其邻域的四块图像均来源于 L_{VIS}，在这种情况下，为了减弱块效应，用 L_{VIS} 中对应位置的图像块取代该块图像作为 L_F 新的组成部分，反之亦然。如果该块图像领域内有与其来源相同的图像块，则不予修正。连续性修正以后，L_F 中所有块的来源分布更加合理，从而提高融合图像的视觉效果。

　　尽管 L_F 中每个块或来源于 L_{IR}，或来源于 L_{VIS}，然而在分块的过程中，源图像存在块与块之间重叠的可能性，尤其是对于显著性区域而言，最后可能划分到较大的图像块中，L_F 中的某一区域既包含 L_{IR} 中的像素又包含 L_{VIS} 中的像素，从而产生边界块，图 3-7 为边界块产生的示意图。

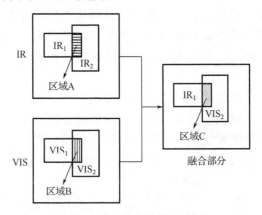

图 3-7　边界块产生的示意图

　　图 3-7 中 A 区域与 B 区域分别表示红外图像 IR_1 与 IR_2 块、可见光图像 VIS_1 与 VIS_2 块的重叠区域，在基于区域能量的块选取规则下，如果选择 IR_1 与 VIS_2 作为 L_F 中对应位置的块，C 区域必然同时含有 L_{IR} 与 L_{VIS} 中对应位置的像素。边界块是产生块效应的主要原因，为了进一步降低块效应对融合结果的影响，需要为边界块中的像素重新确定来源[38]。梯度能量反映了局部梯度的变化程度，是衡量区域显著性的重要指标，为了解决块效应产生的不利影响，采用梯度能量取大的规则对边界块的来源进行标记，具体操作步骤为：①在 L_{IR} 与 L_{VIS} 中找出与边界块位置对应的图像块；②计算两个块的梯度能量，选择梯度能量较大的块取代边界块。对于一个 $N×N$ 的区域，梯度能量的计算方式为

$$G = \sum_{i=1}^{N}\sum_{j=1}^{N}[f_x(i,j)^2 + f_y(i,j)^2] \tag{3-4}$$

式中，$f_x(i,j)$ 表示水平方向的梯度变化，$f_y(i,j)$ 表示垂直方向的梯度变化。在对边界块做精细化处理后，得到 L_F 的最终处理结果 $\overline{L_F}$，即能够确定图像块中像素来源的标签图。在 $\overline{L_F}$ 中，每个图像块中的像素只有一种来源，且通过对 L_F 中的图像块来源进行初步修正，减少了后续精细化处理过程中的计算量，能够较好地解决后续融合结果可能产生块效应的问题。

3.3.4　高频分量融合策略

由于基于脉冲耦合神经网络(PCNN)的高频分量融合方法[33]需要通过多次迭代计算以凸显各像素点之间的差异性,所以融合效率不高。为了提高融合效率,采取滑动窗口计算区域特征显著度的方式融合高频分量。但当前基于区域显著度的高频分量融合在融合系数选择上仅针对单个系数进行,未考虑对应空间位置上低频分量融合系数的来源,导致融合系数选择不当。对于分解后的源图像,低频分量代表其结构特征,高频分量表示其包含的各向异性且强度不同的边缘与奇异点,如果仅对低频分量系数与高频分量系数单独融合,不考虑两者在空间位置上的共性,可能导致融合后的图像损失源图像中的细微边缘或背景区域模糊,致使清晰度和对比度降低,视觉效果下降。

针对上述问题,采取邻域系数差结合标签图的方法融合高频分量。邻域系数差表示任一像素点所在区域的能量与该区域平均能量的偏离水平,偏离程度越大,邻域系数差越大,表明该像素点包含的图像特征信息越丰富。对于图像 X 中心点为 (i,j)、窗口大小为 $N×N$ 的区域,其邻域系数差的表达式为

$$\|e_X(i,j)\|_{N\times N} = \sum_{m=-\frac{N-1}{2}}^{m=\frac{N-1}{2}} \sum_{n=-\frac{N-1}{2}}^{n=\frac{N-1}{2}} \left\|e_X(i+m,j+n)-\overline{e_X(i,j)}_{N\times N}\right\| \tag{3-5}$$

式中, $\overline{e_X(i,j)}_{N\times N}$ 表示 $N×N$ 区域内高频分量系数绝对值的平均值, $N=2n+1,n\in N_+$。

通过判断 $\overline{L_F}$ 中像素点 (i,j) 的来源结合高频分量中对应点的邻域系数差的大小关系,对高频分量进行融合。结合标签图与邻域系数差的高频分量规则为

$$H_F(i,j)=\begin{cases} H_{IR}(i,j), & \|e_{IR}(i,j)\|\geqslant\|e_{VIS}(i,j)\|\text{且}\overline{L_F}(i,j)\in IR \\ H_{VIS}(i,j), & \|e_{IR}(i,j)\|\leqslant\|e_{VIS}(i,j)\|\text{且}\overline{L_F}(i,j)\in VIS \\ H_{IR}(i,j), & \|e_{IR}(i,j)\|<\|e_{VIS}(i,j)\|\text{且}\overline{L_F}(i,j)\in IR\text{且}\|e_{IR}(i,j)\|/\|e_{VIS}(i,j)\|>T \\ H_{VIS}(i,j), & \|e_{IR}(i,j)\|>\|e_{VIS}(i,j)\|\text{且}\overline{L_F}(i,j)\in VIS\text{且}\|e_{VIS}(i,j)\|/\|e_{IR}(i,j)\|>T \end{cases}$$

$$\tag{3-6}$$

式中, $H_F(i,j)$ 表示高频融合分量中点 (i,j) 的系数, $\overline{L_F}(i,j)$ 表示低频融合分量中点 (i,j) 的系数, $H_{IR}(i,j)$、$H_{VIS}(i,j)$ 分别表示红外与可见光图像中对应点的高频系数, $\|e_{IR}(i,j)\|$、$\|e_{VIS}(i,j)\|$ 分别表示红外与可见光图像中对应点的邻域系数差, T 表示系数选择阈值。融合过程可表述如下。

步骤 1　若某尺度下位于 (i,j) 处的像素点在红外高频子带图像中的邻域系数差 $\|e_{IR}(i,j)\|$ 大于该点在可见光高频子带图像中的邻域系数差 $\|e_{VIS}(i,j)\|$,且 $\overline{L_F}$ 中点 (i,j) 来源于红外图像块,则选择 $H_{IR}(i,j)$ 作为该点在对应尺度下高频融合分量 H_F 的融合系数。

步骤 2　若 $\overline{L_F}$ 中点 (i, j) 来源于可见光图像块，且 $\|e_{IR}(i, j)\| \leqslant \|e_{VIS}(i, j)\|$，则选择 $H_{VIS}(i, j)$ 作为该点在对应尺度下高频融合分量 H_F 的融合系数。

步骤 3　若 $\overline{L_F}$ 中点 (i, j) 来源于红外图像块，而 $\|e_{IR}(i, j)\| < \|e_{VIS}(i, j)\|$，采取基于阈值选择的策略融合高频分量系数，在 $\|e_{IR}(i, j)\| / \|e_{VIS}(i, j)\| > T$ 的情况下，选择 $H_{IR}(i, j)$ 作为该点在对应尺度下高频融合分量 H_F 的融合系数；如果 $\|e_{IR}(i, j)\| / \|e_{VIS}(i, j)\| \leqslant T$，选择 $H_{VIS}(i, j)$ 作为该点在对应尺度下高频融合分量 H_F 的融合系数。

步骤 4　若 $\overline{L_F}$ 中点 (i, j) 来源于可见光图像块，而 $\|e_{IR}(i, j)\| > \|e_{VIS}(i, j)\|$，在 $\|e_{VIS}(i, j)\| / \|e_{IR}(i, j)\| > T$ 的情况下，选择 $H_{VIS}(i, j)$ 作为该点在对应尺度下高频融合分量 H_F 的融合系数；如果 $\|e_{VIS}(i, j)\| / \|e_{IR}(i, j)\| \leqslant T$，选择 $H_{IR}(i, j)$ 作为该点在对应尺度下高频融合分量 H_F 的融合系数。

3.4　仿真实验与结果分析

3.4.1　实验参数设置

在融合过程中，对实验结果影响较大的参数主要有：FOA 的迭代次数 I、搜索半径 R 和高频分量的阈值 T。搜索半径 R 表示每次迭代水平与垂直方向上图像块可缩放的像素点个数，即图像块大小的变化范围。为了客观地评估参数设置对融合图像质量的影响，采用无参考融合图像质量评价标准：结构相似度（SSIM）、边缘保持度（$Q^{AB/F}$）、互信息（MI）。其中，$Q^{AB/F}$ 用于衡量融合图像从源图像中获取边缘信息的多少，取值范围为 $(0,1)$，$Q^{AB/F}$ 越大，表示融合过程中边缘信息保留程度越高。MI 用于衡量融合图像与源图像中信息的相关程度，MI 越大，表示两者的信息相关

(a) Ship　　　　　　(b) UN-Camp　　　　　　(c) Kaptein　　　　　(d) Man in forest

图 3-8　用于设置参数的实验数据

度越高，融合过程中信息损失更少。为了提高融合效率和质量，需要对参数的取值进行研究。选用的四组实验数据如图 3-8 所示，所选用的数据来自图像融合公开数据集[39]。

根据 FOA 算法的推荐值与实验得到的经验值进行参数设置。标准 FOA 局部搜索能力不足，导致最优点附近搜索速度变慢；且搜索半径 R 过小容易陷入局部极值点，增大 R 能够提高求解速度，然而 R 过大会造成解的精度下降[36]。由于融合过程中 R 决定图像块的大小变化范围，当图像块大小超过一定程度时，融合过程变成简单的块堆叠，导致融合质量降低，取较小的 R，能够得到更精细的 L_F，然而搜索速度降低，融合时间延长。实验中发现，融合质量与迭代次数 I 和搜索半径 R 存在如下关系：当 $I \leqslant 30$ 时，增大 I，融合质量提升较为明显，当 $I > 30$ 时，继续增大 I，融合质量难以继续提升，且耗时增加。当 $R=10$ 时，融合速度与融合质量之间能够取得较好的均衡。对于阈值 T 的取值，从理论上分析，为了使高频分量中点 (i, j) 的邻域系数差与其在 L_F 中的来源保持更高的一致性，T 应适当取大，然而 T 取值过大，高频分量融合规则将被邻域系数差主导，导致高频分量系数选择错误，降低融合质量。在对四组实验对象进行实验后，发现 $T=0.7$ 适用性更佳。因此，融合实验中参数设置为：迭代次数 $I=30$，搜索半径 $R=10$，阈值 $T=0.7$，个体数 $N=50$。

3.4.2　仿真结果分析

为了验证算法的有效性，将本章方法与文献[33]、[36]、[40]～[42]中的方法进行仿真对比，对比方法中所采用的分解方式、分解层数、融合规则与重构方法等已由对应文献给出。实验中以融合图像质量与融合时间作为评价各方法性能的客观依据，融合图像质量评价标准采用无参考图像质量评价标准：结构相似度、边缘保持度、互信息、标准差（STD）与平均梯度（AG），以上标准较完整地描述了融合图像与源图像的结构相似度、信息保留度以及融合图像的对比度与清晰度。仿真实验平台配置为：Intel Core i7-8750H，主频 2.3GHz，显卡 Geforce GTX1060，显存 6G，运行内存 8G，运行环境为 Win10 和 MATLAB 2016a。所得到的融合结果如图 3-9 所示。

(a) 红外

(b) 可见光

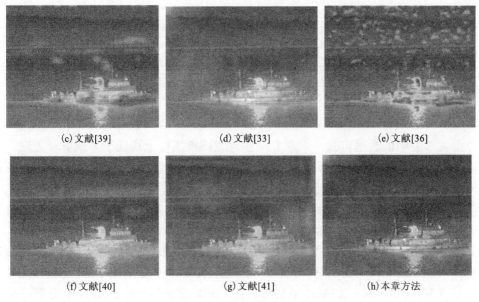

(c) 文献[39]　　　　　　　　(d) 文献[33]　　　　　　　　(e) 文献[36]

(f) 文献[40]　　　　　　　　(g) 文献[41]　　　　　　　　(h) 本章方法

图 3-9　Ship 组融合结果

　　从 Ship 组实验结果可以看出，本章方法所产生的融合图像，既突出了红外源图像中船体的目标特性,同时较好地保留了可见光源图像中船体的细节信息(如上层建筑、船舷等)，对比度与清晰度更高。文献[39]采用 ST 作为分解方式，由于缺乏平移不变性导致融合图像中出现较多晕影。文献[36]采用各向异性表达能力不足的小波变换作为分解方式，且差分进化算法个体数不足，造成融合图像块效应明显。文献[40]与文献[33]均采用 PCNN 融合高频分量,虽然能在一定程度上保证融合图像的视觉效果，然而 PCNN 需要多次迭代且计算过程复杂，并不适合实际应用，且文献[40]为了解决 PCNN 的参数设置问题，利用 FOA 优化 PCNN 的参数设置，进一步降低了融合效率。文献[41]采用 NSCT 分解源图像，但 NSCT 运算数据量大，计算复杂度高，难以有效满足实时性要求较高的场合。本章采用 NSDTCT 作为分解方式，由于双树复小波分解速度优于金字塔滤波器组,且低频分量采取基于 FOA 优化的块融合法，因此融合速度更快。表 3-1 给出了以上方法在融合时间与融合图像客观评价指标上的具体值。

表 3-1　Ship 组不同融合方法客观评价结果

方法	评价标准					
	SSIM	$Q^{AB/F}$	MI	STD	AG	t/s
文献[39]	0.6443	0.6338	0.6674	11.7714	3.4586	26.8373
文献[33]	0.6791	0.7045	0.7298	14.0548	3.9731	31.8762
文献[36]	0.3687	0.4294	0.5020	13.6547	3.0257	3.1293

续表

方法	评价标准					
	SSIM	$Q^{AB/F}$	MI	STD	AG	t/s
文献[40]	0.6337	0.6721	0.7068	12.4874	3.6419	117.4276
文献[41]	0.6224	0.6834	0.7107	12.6547	3.7104	39.7365
本章方法	0.7102	0.7312	0.7467	14.9721	4.3763	23.8372

由表 3-1 中的数据可知,本章方法在客观评价指标上均优于其他五种方法,且在提升融合图像质量的同时兼顾了融合速度,融合效率更高。文献[36]中的方法由于使用离散二维小波作为分解方式,所以融合时间更短,然而本章融合结果无论从视觉效果或客观评价标准均明显优于文献[36]。在对比方法中,文献[33]方法融合效果最好,然而本章方法在融合高低频分量时,考虑了两者系数的位置对应关系,在此基础上引入邻域系数差融合高频分量,因此融合结果对比度更高,更符合人眼视觉特性;在 SSIM、$Q^{AB/F}$、MI、STD、AG 五个客观评价指标上与文献[33]相比分别提高了 4.58%、3.79%、2.32%、6.52%、10.15%。文献[33]对 NSDTCT 分解产生的高频分量采取基于 CS-PCNN 的融合策略,高频分量压缩与利用 PCNN 融合压缩后的高频分量耗时较多,而本章借鉴了文献[36]中的方法,对 NSDTCT 分解产生的高频分量采取基于标签图与邻域系数差的融合策略,利用滑动窗口计算邻域系数差,因此融合速度更快,融合时间上缩短了 25.22%。为了进一步验证方法的有效性,选用参数设置实验中的 Man in forest 组数据作为融合对象,得到的实验结果如图 3-10所示。

(a)红外

(b)可见光

(c)文献[39]

(d)文献[33]

(e)文献[36]

　　　　　(f) 文献[40]　　　　　　　　　　(g) 文献[41]　　　　　　　　　(h) 本章方法

图 3-10　Man in forest 组融合结果

　　在该组实验结果中，本章方法产生的融合效果晕影更少，清晰度与对比度较高，文献[36]、[39]～[41]中实验结果尽管也很好地突出了红外图像中的目标存在性，然而由于融合过程中系数的选择未考虑空间位置上的对应关系，而红外图像除了人物目标外其他区域均比较模糊，所以融合后图像更多地保持了红外图像的特点，在森林区域均存在不同程度的模糊，且文献[33]的融合结果块效应极为突出，视觉观感不佳。尽管文献[33]的融合结果模糊更少，然而清晰度与对比度较弱，整幅图像保留可见光图像中场景的亮度信息较少，因此整体亮度偏低。表 3-2 给出了以上方法在融合时间与融合图像客观评价指标上的具体值。

表 3-2　Man in forest 组不同融合方法客观评价结果

方法	评价标准					
	SSIM	$Q^{AB/F}$	MI	STD	AG	t/s
文献[39]	0.6601	0.6807	0.6703	13.8734	3.6476	28.8373
文献[33]	0.6742	0.6986	0.7254	14.1502	3.7987	34.8762
文献[36]	0.3586	0.4432	0.5211	11.9543	3.0105	4.6283
文献[40]	0.6439	0.6778	0.6612	12.5871	3.6307	127.1577
文献[41]	0.6344	0.6821	0.7134	12.7136	3.7056	44.0334
本章方法	0.7113	0.7304	0.7389	14.8322	4.1911	26.9387

　　由表 3-2 可知，文献[33]的融合结果在客观评价指标上均优于其他方法，而本章在 SSIM、$Q^{AB/F}$、MI、STD、AG 五个客观评价指标上与文献[33]相比分别提高了 5.50%、4.55%、1.86%、4.83%、10.33%，且融合时间缩短了 22.76%。尽管以上方法均能融合红外目标信息与可见光场景信息，然而无论是从主观视觉效果或图像客观评价指标上看，本章方法均体现出了对应的优势，且融合时间更短，融合效率更高，对于实际应用具有一定的价值。

3.5　本　章　小　结

　　针对红外与可见光图像的特点，本章介绍一种结合 NSDTCT 与自适应分块的灰度级融合方法，以 NSDTCT 分解源图像，而后利用 FOA 算法良好的全局寻优能力与较小的计算量，通过增加个体数并以 SSIM 为适应度函数，分块融合低频分量，为了解决融合系数选择错误的问题，采取标签图结合邻域系数差的融合策略融合高频分量。实验结果表明，本章方法在较短的时间内，产生的融合图像清晰度与对比度更高，融合结果既较好地保留了可见光图像中丰富的场景信息，又突出了红外图像的目标特性，更符合人眼视觉特性，有助于后续的目标检测与识别研究。

第 4 章　基于 IHS 变换与目标增强的图像融合

4.1　引　　言

第 3 章主要对灰度级融合进行了研究。灰度级融合侧重于保留可见光图像中丰富的边缘纹理信息以及红外图像中突出的目标信息，尽管能够实现两类图像的信息互补，但融合结果是灰度图像，而在现实中，可见光传感器采集到的都是彩色图像，包含更丰富的情报信息。在机器识别的过程中，如果识别对象的彩色信息足够丰富，这些彩色信息同样也能够用于检测识别。因此，需要在灰度级融合的基础上，进一步研究彩色级融合方法。

在国内，学者对红外与彩色可见光图像融合的研究较少，且研究主要集中于伪彩色图像融合。造成该现象的原因有以下几个方面：没有形成一个公认的彩色图像质量评价标准，融合方法的性能难以进行客观比较；缺少统一的标准彩色图像融合数据集，获得可用的原始数据成本较高；这部分理论目前尚不成熟，彩色图像的本质特性有待进一步研究。

伪彩色融合通过色彩空间传递，将其他彩色图像的色彩信息赋予融合结果，文献[43]在 Lab 空间中利用参考图像的一阶统计信息实现全局颜色迁移。文献[44]选择一幅与待上色图像具有相似颜色分布的自然日光图像作为彩色参考图像，并将灰度融合图像赋给 Y 分量，利用 YUV 空间进行色彩传递。文献[45]将融合后的图像与源图像进行线性组合并将其分配至 YUV 彩色空间，利用色彩空间传递获得染色后的夜视图像。文献[46]将灰度融合结果插入 Y 通道，利用 YCbCr 模型对参考彩色图像和融合结果进行色彩颜色统计匹配。除此之外，也有学者采用非线性直方图匹配法实现颜色传递[47]，并取得了较好的视觉效果。但伪彩色图像融合方法需要额外的彩色可见光图像做参考，即融合结果中的彩色信息并不来自于原始场景，而是后期通过参考图像加上去的，因此，融合结果的客观性难以保证，从现实的角度考虑，如果能够直接融合彩色可见光与红外图像，融合结果的色彩信息更符合实际情况，能够更好地保证客观性。

针对上述问题，本章介绍一种基于 IHS(亮度(Intensity，I)、色调(Hue，H)和饱和度(Saturation，S))变换的红外与彩色可见光图像融合方法。该方法首先利用 IHS 变换将彩色图像的 R、G、B 分量转化成亮度、色调、饱和度三个分量，而后对红外图像与彩色图像的亮度分量进行融合处理，并将融合结果作为新的亮度分量，新的亮度分量与原色调、饱和度分量通过逆 IHS 变换得到初始彩色融合结果，而后对初始融合结果采用目标增强的方式提升目标区域的显著性，得到最终的融合结果。结果表明，该方法色彩保真度高，目标区域突出，且较好地抑制了色彩渗入目标的问题。

4.2　融合步骤

4.2.1　融合方案

融合方案以 IHS 变换与目标增强为主体，其中，IHS 变换是为了传递色彩信息，而目标增强是为了提高初始融合结果中目标区域的对比度，防止目标区域的色彩对目标造成掩盖。整个方案分为 IHS 变换、灰度融合、目标增强与 IHS 逆变换四个步骤，该过程如图 4-1 所示。

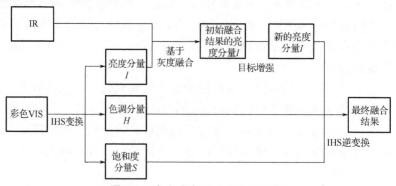

图 4-1　本章彩色融合方案示意图

4.2.2　IHS 色彩空间变换

在 IHS 颜色模型中，强度表示光谱的整体亮度大小，对应于图像的空间分辨率，色调描述纯色的属性，决定于光谱的主波长，是光谱在质的方面的区别，饱和度表征光谱的主波长在强度中的比例。由于 I、H、S 三个分量之间相互独立，所以 IHS 模型更加符合人眼描述和解释颜色的方式，也经常被用于基于彩色描述的图像处理方法中，从而将彩色图像中携带的彩色信息(色调和饱和度)和无色光强信息(亮度)分开处理。IHS 的感知型颜色空间模型如图 4-2 所示。

从 RGB 空间到 IHS 空间的变换数学表达式为

$$
\begin{bmatrix} I \\ v_1 \\ v_2 \end{bmatrix} = \begin{bmatrix} \dfrac{1}{3} & \dfrac{1}{3} & \dfrac{1}{3} \\ \dfrac{-2}{\sqrt{6}} & \dfrac{-2}{\sqrt{6}} & \dfrac{-2}{\sqrt{6}} \\ \dfrac{1}{\sqrt{2}} & \dfrac{1}{\sqrt{2}} & 0 \end{bmatrix} \begin{bmatrix} R \\ G \\ B \end{bmatrix}
\tag{4-1}
$$

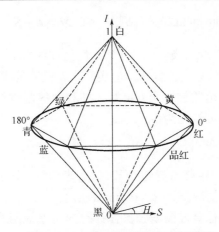

图 4-2 IHS 的感知型颜色空间模型

式中，I 表示亮度分量，v_1 和 v_2 表示中间变量，通过中间变量可计算出色调分量 H 与饱和度分量 S，计算过程为

$$\begin{cases} H = \arctan \dfrac{v_2}{v_1} \\ S = \sqrt{v_1^2 + v_2^2} \end{cases} \tag{4-2}$$

从 IHS 空间到 RGB 空间的变换数学表达式为

$$\begin{bmatrix} R \\ G \\ B \end{bmatrix} = \begin{bmatrix} 1 & \dfrac{-1}{\sqrt{2}} & \dfrac{-1}{\sqrt{2}} \\ 1 & \dfrac{-1}{\sqrt{2}} & \dfrac{-1}{\sqrt{2}} \\ 1 & \sqrt{2} & 0 \end{bmatrix} \begin{bmatrix} I \\ v_1 \\ v_2 \end{bmatrix} \tag{4-3}$$

4.2.3 基于 RPCA 的目标增强

为了抑制背景，突出目标，采用鲁棒主成分分析（Robust Principal Component Analysis，RPCA）模型初始融合亮度分量进行背景与目标分离。在图像处理领域中，低秩与图像的背景部分等价，对于一个大小为 $m \times n$ 的二维矩阵 D，RPCA 将 D 分解成一个与 D 误差最小的低秩矩阵 L，同时得到与 L 差别较大的稀疏矩阵 S，该过程可表示为

$$M = L + S \tag{4-4}$$

对于使 L 低秩的求解，可转化为如下的优化问题

$$\min_{L,S} \text{rank}(L) + \lambda \|S\|_0, \quad \text{s.t.} \quad M = L + S \tag{4-5}$$

式中，$\|S\|_0$ 表示稀疏矩阵的 l_0 范数，$\lambda > 0$，为优化过程中的惩罚因子。由于需要使 S 足够稀疏，所以采用 l_0 范数进行约束，但实际上 l_0 范数的求解属于 NP-hard 问题。为了方便求解，通常将 l_0 范数放宽至 l_1 范数，并利用核范数约束的 L 低秩性，因此在实际求解过程中，上式可转化为

$$\min_{L,S} \|L\|_* + \lambda \|S\|_1, \quad \text{s.t.} \quad M = L + S \tag{4-6}$$

式中，$\|\ \|_*$ 表示核范数，即矩阵奇异值个数；$\|\ \|_1$ 表示矩阵的 l_1 范数，即矩阵中所有元素的绝对值之和，通常情况下，$\lambda = 1/\sqrt{\max(m,n)}$。

　　由于直接对原图像进行直方图增强操作针对的是整幅图像，没有对目标与背景进行区分，导致增强后目标的显著度与背景相比仍有可能不突出，所以在目标增强中，首先利用 RPCA 分解原图像为低秩分量与稀疏分量，而后对稀疏分量进行直方图增强，得到增强后的稀疏分量，最后将增强后的稀疏分量与低秩分量进行叠加，得到增强后的图像。与直接对原图像进行直方图增强操作相比，利用直方图增强稀疏分量能够增强目标对比度，且背景部分不会对目标造成影响。图 4-3 为基于 RPCA 的目标增强效果图。

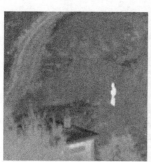 

(a) 原图　　　　　　　　　　　(b) 增强图

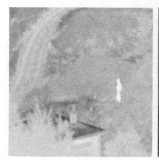  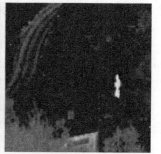

(c) 低秩分量　　　　　(d) 稀疏分量　　　　　(e) 增强后的稀疏分量

图 4-3　基于 RPCA 的目标增强效果图

可以看出，增强后的稀疏分量在细节信息上更突出，增强图中的人物相比于原图更明亮，且图像中的边缘纹理特征，如道路、房屋边缘等，更清晰可观，说明通过对融合后的亮度分量进行增强，能够一定程度上提高目标对比度，提升图像中细节信息的显著度，有利于在彩色融合结果中突出目标，从而提高最终融合结果的质量。

4.3　仿真实验与结果分析

4.3.1　仿真条件

实验数据选取上，从"OCTEC"中选取两组已经经过配准的红外与彩色可见光图像进行仿真融合实验。两组图像大小均为 640×480，第 1 组的场景为烟雾笼罩下的房屋和树林，第 2 组的场景为无烟雾笼罩的房屋和树林，两组实验数据的场景中均包含人体与拉烟的弹体。

对比方法选取上，由于本章采用的彩色融合方法不属于基于色彩空间传递的融合方法，所以，对比方法以基于 IHS 变换与多尺度变换的融合方法为主，分别为方法 1：IHS+小波变换；方法 2：IHS+NSCT 变换；方法 3：IHS+NSDTCT 变换。尽管各对比方法都使用了 IHS 变换，但由于所使用的灰度融合方法不同及对于灰度融合结果的处理方式不同，实验结果会有所差异。

参数设置上，方法 1 采用 3 级小波分解，小波基为"bior4.4"；方法 2 的参数同第 3 章；方法 3 中 NSCT 的非下采样金字塔滤波器选择"maxflat"，分解级数为 3，方向分解滤波器为"dmaxflat7"，方向分解级数依次为 2、4、8。

由于针对彩色图像质量评价方面的研究较少，而灰度级融合中评价指标并不适合评价彩色图像融合结果，所以目前彩色图像融合质量通常采用主观评价。主观评价标准主要通过以下三个方面对融合结果进行评价：彩色融合图像的细节清晰度、红外隐藏目标显著度、色彩失真度。实验硬件条件为 Intel Core i7-8750H，主频 2.8GHz，内存 8 GB，运行环境为 MATLAB R2016a。

4.3.2　实验结果及分析

图 4-4 与图 4-5 分别为各方法在两组实验数据上运行得到的实验结果。

从两组实验数据的结果来看，方法 1 中红外图像中的目标清晰度大幅度下降，且对比度较低，这是由于小波变换的方向性不足，对原图像中细节信息的保留能力不够；方法 2 在第 1 组实验中色彩保真度降低，曝光度较高，在第 2 组实验中色彩保真度有所提高，但红外图像中的目标却并未出现在融合结果中，这是因为 NSCT 中的非下采样金字塔分解机制同样存在细节信息捕捉能力不足的问题；方法 3 与前两种方法相比，虽然融合结果与可见光的图像在色彩上更接近，但在第 2 组实验中，

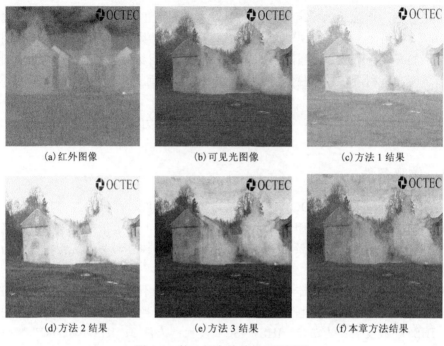

(a)红外图像 (b)可见光图像 (c)方法 1 结果

(d)方法 2 结果 (e)方法 3 结果 (f)本章方法结果

图 4-4　第 1 组实验结果(见彩图)

(a)红外图像 (b)可见光图像 (c)方法 1 结果

(d)方法 2 结果 (e)方法 3 结果 (f)本章方法结果

图 4-5　第 2 组实验结果(见彩图)

红外图像中的目标未出现在融合结果中，说明在彩色图像融合中，融合结果的质量不仅与亮度分量的融合方式有关，也与对目标信息的处理方式有关。本章方法的融合结果与以上方法相比，由于对亮度融合分量进行了增强处理，融合过程中很好地保留了红外图像中的弱小目标信息，且融合结果的色彩更接近可见光图像，具有更高的融合质量。

4.4　本　章　小　结

本章首先分析了彩色级融合的研究现状，指出了目前研究者对该领域研究较少的原因，针对灰度级融合结果不能满足实际需求的问题，在灰度级融合方法的基础上，提出了一种基于 IHS 变换与目标增强的红外与彩色可见光图像融合方法，通过对彩色图像进行 IHS 变换，亮度分量与红外图像的灰度级融合，亮度分量融合结果的增强等步骤，提升了目标图像的色彩分辨率和对比度，融合结果更符合人眼视觉特性，对于提升后续目标判读速度、降低自动检测和识别难度具有重要意义。

本 篇 小 结

通过图像融合技术能够弥补单一传感器成像的局限性，获得全面、可靠的侦察图像。本篇针对红外与可见光传图像融合技术，介绍了图像融合的应用背景、研究意义及国内外研究现状，简述了目前常用的一些理论方法及图像质量评价常用指标。而后结合实际背景，介绍了一种能够快速对存在缩放、旋转、平移等畸变因素的图像进行配准的方法。在配准的基础上，通过对现有方法进行改善与创新，介绍了一种结合变换域与空间域的灰度级融合技术。最后，在灰度级融合的基础上，介绍一种基于 IHS 变换与目标增强的彩色级融合技术。

本篇的主要内容总结如下。

(1)针对红外与可见光图像灰度差异大的问题，利用形态学边缘检测提取待配准图像的边缘图，减弱灰度差异对配准结果的影响；通过在传统 ORB 算法中引入 DOG 分解增加尺度不变性；采用基于 GMS 与 PROSAC 的双重误匹配剔除算法处理粗匹配结果，获得最终的配准图像。实验结果表明，该方法能够实现红外与可见光图像的快速高精度配准。

(2)针对传统基于多尺度变换的融合方法忽视了低频系数与高频系数在空间位置上的对应关系，容易造成边缘纹理等细节信息遗失的缺陷，对如何结合空域分块法与变换域法的优势，才能提高融合效果、缩短融合时间的问题进行了研究，提出了基于 NSDTCT 结合 FOA 分块的融合方法，该方法解决了传统分块融合容易产生的块效应问题，且融合时间更短，能够有效提高融合结果的对比度与清晰度。

(3)针对目前色彩空间传递法产生的色彩效果与实际场景可能不符的问题，提出了一种基于 IHS 变换的彩色图像融合方法，利用 IHS 变换分离出原图像中的亮度分量，而后采用灰度级融合方法融合亮度分量与红外图像，并对灰度级融合结果进行增强，最后通过 IHS 逆变换得到融合结果。实验结果表明，该方法能突出红外图像中的弱小目标，并保证了色彩信息的不失真。

通过对以无人机为背景的红外与可见光图像像素级融合技术进行研究，有助于弥补单一类型传感器固有的成像缺陷，实现机载传感器之间的信息互补，提高无人机对战场环境的侦察探测能力，进而得到更加全面可靠的情报来源。以上研究为后续目标定位、目标识别和目标跟踪等创造了更有利的条件。

目标识别篇

第 5 章　SAR 图像自动目标识别概述

5.1　SAR 图像自动目标识别简介

无人机通过携带不同的机载侦察设备，可以对战场进行全天时、全天候的侦察和监视。其中，光学、红外和合成孔径雷达(SAR)三种机载侦察设备的特点如表 5-1 所示。

表 5-1　三种机载侦察设备特点

类型	分辨率	工作方式	工作时限	影响因素	穿越障碍物
光学	分辨率高 分辨率随着距离增加而降低	被动式	白昼工作	易受光照、天气、植被遮挡等影响	不能
红外	分辨率较高 分辨率随着距离增加而降低	被动式	昼夜工作	易受雨、雾的影响，且不易穿透云层和植被	不能
SAR	分辨率在分米级 分辨率不受成像距离的影响	主动式	全天时 全天候	受到工作波段和极化方式等因素的影响	可穿透云层、烟雾、植被

相较于光学和红外侦察设备，SAR 具有以下优势：①SAR 具有全天时、全天候的探测与侦察能力，并且可以穿透云层和植被；②SAR 的侧视成像特性使其具有防区外侦察探测能力；③其分辨率与距离无关，不会随着距离的增加而降低，并且随着技术和硬件设备的发展，其分辨率还能进一步提高；④SAR 的回波信号包含了丰富的目标信息，如幅度、相位和极化等多种信息。

现代高分辨率合成孔径雷达的出现依赖于三个关键技术的创新突破：①脉冲压缩[48]技术，这使得雷达能够对紧密间隔的目标进行分辨，改善了距离分辨率。最广泛使用的脉冲压缩技术是线性调频技术，在 20 世纪 50 年代早期应用于雷达。②由固特异飞机公司的 Wiley[49]在 1951 年提出的多普勒滤波，可以在相对于侧视机载雷达的天线波束中心的角位置上分辨紧密间隔的目标，改善了方位分辨率。③随着用于存储沿平台轨迹雷达返回的连续幅度和相位信息的合成长孔径技术的出现，为高分辨率 SAR 的出现奠定了坚实的基础。1957 年密歇根大学完成了第一幅聚焦 SAR 图像。

随着无人机和机载 SAR 设备的发展和应用，其获得数据的分辨率不断提高，相应的数据量也急剧增加，如何快速准确地对大量 SAR 侦察图像进行解译成为一个亟待解决的问题。SAR 图像的解译主要存在三个困难：①基于相干成像机理的 SAR 图像不可避免地存在相干斑噪声，严重地影响了 SAR 的成像质量；②SAR 成像结果受工作波段、极化方式、入射角度等因素影响较大；③ SAR 图像获取方式多样化、便利化，但人工解译 SAR 图像速度慢、可靠性较差。SAR 自动目标识别[50]（Automatic Target Recognition，ATR）技术利用计算机等系统实现 SAR 侦察图像的自动或半自动目标识别，可以有效提高 SAR 图像数据的利用效率，极大提高情报获取能力。

5.2　SAR 图像自动目标识别研究现状

SAR ATR 系统通常是多级的，用分而治之的思路实现 SAR 自动目标识别。典型的 SAR ATR 系统可以分为三个阶段[51]：目标检测、目标鉴别和目标识别，如图 5-1 所示。

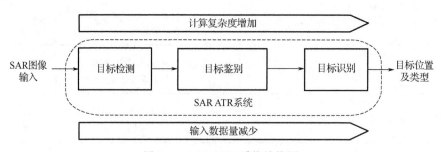

图 5-1　SAR ATR 系统结构图

SAR 图像分辨率较高并且多种类型背景杂波存在其中，给 SAR ATR 系统带来极大的运算负荷。随着 SAR 图像数据在 ATR 系统的分级处理，其输入数据量（运算负荷）不断减少，目标识别阶段只需对少量的感兴趣区域（Region of Interest，ROI）切片进行具体的分类。而随着 SAR 图像数据从输入到输出的处理，三个阶段的计算复杂度却在不断增加。接下来对三个阶段的国内外研究现状进行介绍。

5.2.1　目标检测

目标检测作为 SAR ATR 的第一步，对于 SAR ATR 系统的识别精度和速度有着至关重要的影响。恒虚警率（Constant False Alarm Rate，CFAR）算法在均匀背景中可以提供具有恒定的虚警概率的检测阈值，较好地避免背景噪声、杂波和干扰变化的影响，所以 CFAR 算法[52]是目前最常用的 SAR 图像检测方法。为提高 CFAR 算法的检测性能，国内外学者主要从三个方面进行了研究：①精确地对背景杂波建模，

②提高非均匀场景下的检测性能，③提高 CFAR 算法的检测速度。

对于背景杂波的统计建模问题。大量的统计模型被用于对 SAR 图像中不同场景的相干斑统计模型进行建模，主要包括高斯分布、Gamma[53]、Weibull[54]、对数正态[55]、K 及 G 分布等。这些分布对不同场景下的 SAR 图像背景杂波进行了精确的建模。但是基于 Gamma、K 和 G 分布的统计建模的复杂参数估计算法极大地增加了 CFAR 检测器的计算负担。而基于高斯分布的双参数 CFAR 算法参数估计简单，在实际的 SAR ATR 系统中得到应用并取得良好的效果[56]。

为了提高 CFAR 算法在非均匀背景情况下的检测性能，Patel 等提出了最大选择 GO（Greatest Of）-CFAR、SO（Smallest Of）-CFAR、OS（Ordered Statistics）-CFAR[57]等算法，但这些算法都缺乏普适性。为了提高算法的普适性，文献[58]提出了自动审查单元平均（Automatic Censored Cell Averaging，ACCA）算法，但其在杂波边界处检测性能较差。Smith 提出了 VI（Variability Index）-CFAR[59]，基于变化指数统计量 VI 和均值比统计量 MR 的判决结果，自适应地选择 CA-CFAR、SO-CFAR、GO-CFAR 算法。所以 VI-CFAR 在非均匀背景环境下具有较稳定的检测性能，但是当干扰目标同时存在于两个参考半窗时，其检测性能明显下降。文献[60]在 VI-CFAR 的基础上提出一种自动区域筛选的恒虚警目标检测算法，参考窗数量的增加使其具有稳定的检测性能同时也带来了更多的计算量。文献[61]提出了一种基于截断统计量的 CFAR，在高目标密度的情况有着较为稳定的检测性能。文献[62]提出了一种新的基于自适应截断杂波统计的双参数 CFAR 检测器，在多目标环境下具有更好的虚警性能，但是好的检测结果需要合理设置截断深度参数。

目前针对提高 CFAR 算法速度的研究较少，文献[63]提出设置较大的扫描步长来减少检测的时间。文献[64]提出基于自动索引单元平均恒虚警率目标检测算法，利用基于积分图像的快速策略，降低算法的运行时间。文献[65]利用窗口边界处少数参考单元不同的特点，避免大量重复运算。

5.2.2　目标鉴别

目标鉴别阶段仍要对大量的潜在目标区域进行处理，对鉴别算法速度要求较高，所以基于特征的鉴别方法成为最常用的选择。特征的选取要使目标和杂波虚警在特征空间上存在分布差异，对于目标鉴别的结果有着至关重要的作用，所以迄今为止提出了许多 SAR 图像的鉴别特征[66]。最早的三个鉴别特征由美国林肯实验室于 1989 年提出[67]，包含标准差特征、分形维数特征和加权秩填充比特征，并在实际的 SAR ATR 系统中得到了应用。密歇根环境研究所提出 9 个表征目标尺寸、对比度和极化特性的特征[68]。美国 Loral Defense Systems 公司也提出许多鉴别特征，其中，最具有代表性的就是表征目标区域连续度特性的相邻特征。1998 年，林肯实验室又提出五个新的表征目标空间边界特性的鉴别特征，但是这些人为设计的特征可能存在冗余，特征之间的相关性不仅会增加计算量，而且可能会降低检测性能。认识到特征选择的重要性，文献[69]使用遗传算法选出最优的特征进行目标的鉴别。为了解决遗传算法收敛速度较慢的问题，张琴[70]等提出了遗传算法结合二值粒子群的混合优化算法实现 SAR 图像的特征选择。但是这些特征仅粗略地描述目标的特征，并且可能不能很好地区分目标与人造杂波。Amoon[71]等首先对图像进行分割，然后提取 Zernike 矩作为候选特征，将粒子群算法用于特征选择，能够较好地区分目标和杂波虚警，但易受目标受到噪声的影响。Li[72]等将散射中心特征应用于 SAR 图像目标鉴别，对目标和人造杂波鉴别性能进一步提高，但是散射中心特征的计算耗时相较于传统特征明显增加。

　　除特征的有效性之外，鉴别算法的选择对于目标鉴别的结果也有着至关重要的影响。相较于其他分类算法，如决策树、支持向量机、遗传算法等[73]，神经网络[74]具有较强的鲁棒性且能充分逼近复杂的线性关系。并且随着神经网络层数的增加，模型容量也越大，可以完成更复杂的学习任务。但神经网络层数增加会带来的训练效率低和过拟合问题。ReLU 激活函数、权重衰减和 dropout 方法[75]有效地解决了这些问题。但是将多隐层神经网络用于 SAR 图像的目标鉴别仍存在一个重要的问题：常用神经网络分类算法的损失函数没有考虑非均等代价的情况，造成较高的漏警概率。

5.2.3　目标识别

　　关于 SAR 图像目标识别方法，国内外学者进行了大量的研究。文献[76]提出了运用 MSTAR 数据库，基于模板匹配的 SAR 图像目标识别方法，实现了 SAR 图像的自动识别，但模板匹配需要存储大量目标模板，导致识别效率不高。文献[77]提出了建立 SAR 回波模型以提高效率。模型的建立需要合理的假设，为了避免模型建立的复杂过程，文献[78]提出使用主成分分析来提取 SAR 图像目标的有效特征进行识别。文献[79]提出了基于 PCA、独立分量分析和 Gabor 小波决策融合的 SAR 图像目标识别方法进一步增强 SAR 目标特征的有效性。融合特征提取相较于单一特征提取较为复杂，参数对识别结果影响较大。在分类器方面，文献[80]将支持向量机（Support Vector Machine，SVM）应用于 SAR 图像目标识别，进一步提高了 SAR 图像目标识别的准确率。文献[81]通过实验证明 Adaboost 分类器在 SAR 图像目标识别方面相较于 SVM 有着更好的鲁棒性。文献[82]将 Adaboost 与径向基神经网络结合对 SAR 图像目标进行识别，进一步提高了 SAR 图像目标识别的准确率。文献[83]提出使用热核矩阵提取 SAR 图像目标的纹理信息进行目标识别，明显提高了易受相干斑噪声影响的 SAR 图像的识别率。文献[84]提出了一种新的仿射和形变不变的热核特征，并将该特征用于 SAR 图像目标识别。文献[85]提出了用 CNN 提取特征而后使用 SVM 进行分类的方法，进一步提高了 SAR 图像目标识别的准确率，在解决非线性分类问题上表现优良, 但使用多个二元分类器 SVM 进行多分类任务会降低分类效率。

综上所述, 国内外学者主要从检测、鉴别和识别三个阶段对 SAR ATR 系统进行了大量的研究工作, 极大地推动了 SAR ATR 技术的发展。但在这三个阶段还存在着以下待研究的内容。

目标检测阶段: ①目标像素污染参考窗口会造成算法检测性能的严重下降。②目前解决目标像素污染杂波背景分布估计造成检测性能下降问题的自适应 CFAR 算法需要复杂的参数设置和较长的运算时间。③CFAR 算法的参考窗口大小设置需要先验知识的指导, 对检测结果有着至关重要的影响。

目标鉴别阶段: ①传统的 SAR 图像目标鉴别特征无法快速准确地鉴别目标和人造杂波, 而解决这一问题的散射中心等特征的提取过程比较耗时。②目前的目标鉴别算法没有考虑非均等代价问题, 即不同类型的错误所造成的后果不同。将杂波判定为目标(虚警)会少量增加下一阶段目标识别的计算量,但将目标判定为杂波(漏警)会造成严重的后果。

目标识别阶段: ①针对单目标 ROI 区域的识别。用于目标识别的特征缺乏代表性, 如边缘特征、角点特征、轮廓、纹理等特征都属于低级特征, 导致识别精度较低。在传统的 SAR 图像目标识别方法中, 对图像进行滤波处理至关重要, 但滤波处理非常耗时。②针对多目标 ROI 区域的识别。目前的目标识别方法默认 ROI 切片中只包含一个目标, 对于包含多个目标的 ROI 切片无法进行有效的识别。

5.3　本篇主要研究内容

本篇对 SAR ATR 系统的目标检测、目标鉴别和目标识别三个阶段展开研究。针对三个阶段待研究的内容分别研究了自适应筛选快速 CFAR 算法、基于 Krawtchouk 矩特征的 SAR 图像目标鉴别方法和基于卷积神经网络的 SAR 图像目标识别方法; 然后针对传统目标识别方法无法对单一 ROI 切片中的多个目标进行识别的问题, 引入机器视觉中具有代表性的两个深度学习的目标检测框架 Faster-RCNN 和 SSD, 并且对其进行了优化。

本篇共分 4 章, 主要内容及章节安排如下。

第 5 章阐述了课题的研究背景及意义, 对研究现状及待研究的内容进行总结。在目前 SAR ATR 系统仍需要进一步研究的问题基础之上确定本篇的研究思路, 给出本篇内容的整体架构。

第 6 章针对 CFAR 算法在多目标环境下检测性能下降和检测速度慢的问题, 提出了自适应筛选快速 CFAR 算法。分析了参考窗口包含目标像素对双参数 CFAR 检测性能的影响, 提出自适应筛选算法解决目标像素污染杂波背景分布估计所带来检测性能下降的问题，并通过实验验证了使用区域阈值来提升检测算法速度的可行性。

第 7 章针对目前鉴别特征存在的有效性、时效性问题和鉴别分类算法未考虑分类错误的非均等代价的问题，研究了基于 Krawtchouk 矩特征的 SAR 图像目标鉴别方法。首先，提取 SAR 图像潜在目标区域的 Krawtchouk 矩特征；然后，使用基于最大信息系数的特征选择方法选取最优特征；最后，设计非均等代价函数训练多层神经网络。

第 8 章针对 ROI 切片包含单个目标和多个目标的两种情况下，分别提出一种卷积神经网络模型和引入深度学习目标检测框架应用于合成孔径雷达图像目标识别。

第6章　基于自适应筛选快速 CFAR 算法的目标检测

6.1　引　　言

目标检测作为 SAR ATR 的第一阶段,对于 SAR ATR 系统的识别精度和速度有着最根本的影响。作为目前最常用的 SAR 图像目标检测方法,CFAR 算法在实际的 SAR ATR 系统中得到了广泛的应用。

CFAR 算法在均匀背景中可以提供具有恒定的虚警概率的检测阈值,较好地避免背景噪声、杂波和干扰变化的影响。基于高斯分布的双参数 CFAR 算法参数估计简单,在实际的 SAR ATR 系统中得到应用并取得良好的效果[56]。但是 CFAR 算法在多目标等非均匀背景情况下检测性能下降明显。目前虽已经提出了一些针对非均匀背景情况的 CFAR 算法:VI-CFAR[86]基于变化指数统计量 VI 和均值比统计量 MR 的判决结果,自适应地选择 CA-CFAR、SO-CFAR、GO-CFAR 算法;文献[61]提出了一种基于截断统计量的 CFAR,在高目标密度的情况有着较为稳定的检测性能;文献[62]提出了一种新的基于自适应截断杂波统计的双参数 CFAR 算法,但是这些算法需要复杂的参数设置,并且速度较慢不能满足 SAR 图像情报处理的需求。

为了解决 CFAR 算法在多目标环境下检测性能下降和检测速度慢的问题,本章研究了双参数 CFAR 检测器及其存在的主要问题,提出自适应筛选算法去除参考窗口内的目标像素,实验验证了自适应筛选之后使用区域阈值的可行性,最后通过实验对所提出的自适应筛选快速 CFAR 算法的有效性进行验证。

6.2　双参数 CFAR 算法在多目标环境下的性能研究

基于高斯分布的双参数 CFAR 算法参数估计简单,在实际的 SAR ATR 系统中得到应用并取得良好的效果。但双参数 CFAR 算法在多目标环境下存在较大的检测损失,接下来对这一问题进行理论和仿真研究。

6.2.1　双参数 CFAR 算法

双参数 CFAR 算法是基于背景杂波服从高斯分布的假设,使用如图 6-1 所示的参考窗口(阴影区域)内的像素进行参数估计。

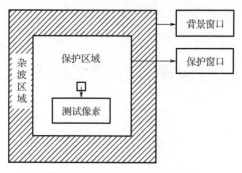

图 6-1　双参数 CFAR 检测器

　　窗口大小的尺寸设定应当符合以下原则：①保护窗口的尺寸要保证用于估计杂波统计特性的杂波区域不包含目标像素；②背景窗口的尺寸设定应当使杂波区域包含足够的像素，能精确地估计杂波统计特性。

　　使用双参数 CFAR 算法进行目标检测主要分三个步骤：首先使用杂波区域内的像素值进行参数估计，然后根据所设定的虚警率(False Alarm Rate，FAR)及估计的参数求取阈值，最后认定大于阈值的测试像素为目标像素。逐像素滑动双参数 CFAR 检测器完成对整幅 SAR 图像的目标检测。

　　均值和标准差的估计如下

$$\hat{\mu} = \frac{1}{N} \sum_{i,j \in \Omega} x(i,j) \tag{6-1}$$

$$\hat{\sigma} = \sqrt{\frac{1}{N} \sum_{i,j \in \Omega} (x(i,j) - \hat{\mu})^2} \tag{6-2}$$

式中，$\hat{\mu}$ 和 $\hat{\sigma}$ 是参考窗口内像素值的均值和方差的估计值，N 是参考窗口内像素的个数，$x(i,j)$ 是图像在 (i,j) 位置的像素值，Ω 是参考窗内所有像素的坐标集合。

　　CFAR 算法的阈值计算公式为

$$\int_{-\infty}^{T_{CFAR}} \frac{1}{\sqrt{2\pi}\hat{\sigma}} \exp\left(-\frac{(x-\hat{\mu})^2}{2\hat{\sigma}^2}\right) dx = 1 - P_{fa} \tag{6-3}$$

式中，T_{CFAR} 是阈值，P_{fa} 是所设定的虚警率。

　　判别测试像素是否为目标像素的公式如式(6-4)所示，当测试像素值大于阈值时，则认为该像素是目标像素，否则为杂波像素。

$$\frac{x-\hat{\mu}}{\hat{\sigma}} \begin{array}{c} \text{目标像素} \\ > \\ < \\ \text{杂波像素} \end{array} T_{CFAR} \tag{6-4}$$

6.2.2　参考窗内包含目标像素的影响理论推导

双参数 CFAR 基于背景为高斯分布的假设。若背景 $B \sim N(\mu_b, \sigma_b)$，目标 $T \sim N(\mu_t, \sigma_t)$，其各自的概率密度函数分别为

$$f_B = \frac{1}{\sqrt{2\pi}\sigma_b} \exp\left(-\frac{(x-\mu_b)^2}{2\sigma_b^2}\right) \tag{6-5}$$

$$f_T = \frac{1}{\sqrt{2\pi}\sigma_t} \exp\left(-\frac{(x-\mu_t)^2}{2\sigma_t^2}\right) \tag{6-6}$$

当参考窗内目标和杂波像素所占比例分别为 w_1 和 w_2 时，$w_1 + w_2 = 1$，参考窗内像素的概率密度函数为

$$f_R(x) = w_1 \cdot \frac{1}{\sqrt{2\pi}\sigma_t} \exp\left(-\frac{(x-\mu_t)^2}{2\sigma_t^2}\right) + w_2 \cdot \frac{1}{\sqrt{2\pi}\sigma_b} \exp\left(-\frac{(x-\mu_b)^2}{2\sigma_b^2}\right) \tag{6-7}$$

对含目标像素的参考窗进行参数估计，过程如下

$$\mu_R = E(x) = \int_{-\infty}^{+\infty} x f_R(x) \mathrm{d}x = w_1 \cdot \int_{-\infty}^{+\infty} x f_T(x) \mathrm{d}x + w_2 \cdot \int_{-\infty}^{+\infty} x f_B(x) \mathrm{d}x = w_1 \mu_t + w_2 \mu_b \tag{6-8}$$

$$\sigma_R^2 = D(x) = E(x^2) - (E(x))^2 \tag{6-9}$$

$$E(x^2) = \int_{-\infty}^{+\infty} x^2 f_R(x) \mathrm{d}x = w_1 \cdot \int_{-\infty}^{+\infty} x^2 f_T(x) \mathrm{d}x + w_2 \cdot \int_{-\infty}^{+\infty} x^2 f_B(x) \mathrm{d}x$$
$$= w_1 \cdot E_t(x^2) + w_2 \cdot E_b(x^2) = w_1 \cdot (\mu_t^2 + \sigma_t^2) + w_2 \cdot (\mu_b^2 + \sigma_b^2) \tag{6-10}$$

$$\sigma_R^2 = D(x) = w_1 \sigma_t^2 + w_2 \sigma_b^2 + w_1 w_2 (\mu_t - \mu_b)^2 \tag{6-11}$$

根据式 (6-8) 和式 (6-11) 可知，根据被目标像素污染的参考窗口所估计的背景杂波服从的分布为 $R \sim N(w_1 \mu_t + w_2 \mu_b, \sqrt{w_1 \sigma_t^2 + w_2 \sigma_b^2 + w_1 w_2 (\mu_t - \mu_b)^2})$。

6.2.3　参考窗内包含目标像素的影响仿真研究

依据 6.2.2 节中的理论推导进行仿真，研究目标像素污染参考窗口对双参数 CFAR 检测器性能的影响。参数设置如下。

（1）根据 MiniSAR 数据库中实际 SAR 图像杂波像素及目标像素，设定 $B \sim N(30, 10)$，$T \sim N(75, 20)$。

（2）参考窗内目标像素所占比例 w_1 设置为 0～100%的变化参数，研究参考窗内目标像素所占比例的影响。

（3）虚警率通常设为 $P_{fa} = 0.1\%$。

（4）使用以上参数在 MATLAB 中进行仿真并可视化，参考窗内目标像素所占比例 $w_1 = 0.1$ 时得到图 6-2。

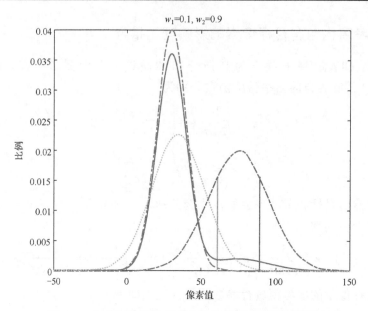

图 6-2　参考窗口杂波分布估计及阈值计算(见彩图)

图 6-2 中绿色实线是根据实际杂波分布(蓝色点划线)计算得到的阈值,红色实线是目标像素污染后所估计的杂波分布(黄色虚线)计算得到的阈值。大于阈值的像素被判定为目标,从图中可以看到当目标像素污染参考窗会引起阈值的偏高,从而造成检测损失的增大。

当参考窗内目标像素所占比例不同时,检测损失的变化如图 6-3 所示。

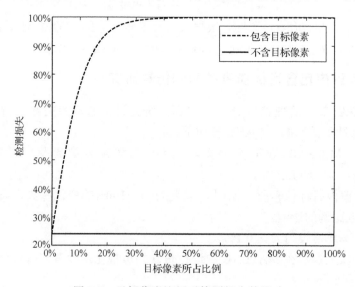

图 6-3　目标像素比例对检测损失的影响

由图 6-3 可知，随着目标像素所占参考窗的比例增加，检测损失也越来越大。目标像素所占参考窗的比例达到 30%时，双参数 CFAR 算法无法检测目标。目标像素污染参考窗口对于双参数 CFAR 算法的检测性能有着严重的影响。

6.3　自适应筛选快速 CFAR 算法流程

6.2 节研究表明，少量的目标像素污染参考窗口会造成 CFAR 算法检测性能的显著下降，严重影响检测效果。去除参考窗口内的目标像素之后再进行参数估计，可以有效解决检测性能下降的问题。本节详细介绍自适应筛选快速 CFAR 算法。算法流程图及步骤如图 6-4 所示。

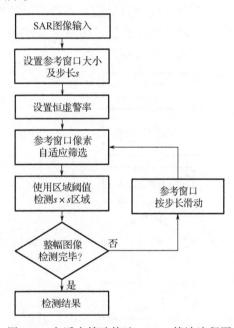

图 6-4　自适应筛选快速 CFAR 算法流程图

步骤 1　设置参考窗口大小、步长及恒虚警率等相关参数。

步骤 2　使用自适应筛选算法去除参考窗口内的目标像素。

步骤 3　使用区域阈值对 $s×s$ 区域内所有像素进行检测。

步骤 4　判断整幅 SAR 图像是否检测完毕。若是，输出检测图像；若否，按步长 s 滑动参考窗口并跳转步骤 2。

6.3.1　参考窗口像素的自适应筛选

当参考窗口不含目标像素时，参考窗口只有服从高斯分布的背景杂波，而包含

目标像素时参考窗口内像素的分布不再服从高斯分布。使用两条累积分布函数
（Cumulative Distribution Function，CDF）之间的最大垂直差 D 作为指标衡量所估计
的背景杂波分布和实际背景杂波的拟合程度，如式(6-12)所示。可以利用 D 来判断
参考窗口内是否包含目标像素和是否对参考窗口内的目标像素进行了有效去除。

$$D = \sup_{x}(F(x) - G(x)) \tag{6-12}$$

式中，$F(x)$ 为参考窗口内像素值的 CDF，$G(x)$ 是根据估计的参数 $\hat{\mu}$ 和 $\hat{\sigma}$ 所得到的
正态分布 CDF。

　　当参考窗口内的像素完全服从高斯分布时，D 值则为 0。通过比较筛选前后 D 值
可以判断筛选是否有效。当参考窗口内的像素被目标像素污染时，参考窗口内的像
素分布与估计得到的正态分布会有较大的 D 值，进行有效的筛选后，D 值会降低。

　　筛选阈值的计算公式与局部阈值计算公式相同，如式(6-3)所示。

　　参考窗口像素自适应筛选流程如图 6-5 所示。

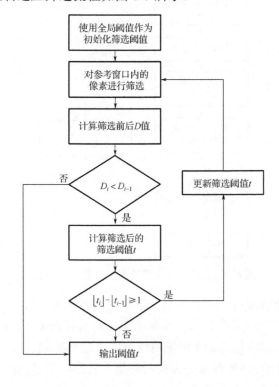

图 6-5　自适应筛选流程图

步骤 1　对整幅图像进行杂波背景估计，计算全局阈值作为初始筛选阈值。

步骤 2　使用筛选阈值去除参考窗口内的疑似目标像素。

步骤 3　计算筛选前后的 D 值并进行比较。如果 D 值增大，说明筛选前的背景杂波分布和实际背景杂波的拟合更为贴近，输出 t_{i-1} 作为局部阈值；否则，计算筛选前后的筛选阈值 t。

步骤 4　比较筛选前后的 t。如果 t 的整数部分变化大于或等于 1，使用筛选后的阈值 t_i 作为新的筛选阈值并跳转步骤 2。否则，不必要对参考窗口进行目标像素的筛选，输出 t_{i-1} 作为局部阈值。

6.3.2　自适应筛选仿真实验

根据实际应用场景的统计数值，设置参数如下。

（1）设定 $B \sim N(30,10)$，$T \sim N(75,20)$。

（2）参考窗口大小设置背景窗口大小为 59×59，保护窗口大小为 39×39，即参考窗口内包含 1960 个像素。

（3）参考窗内目标像素所占比例 w_1 首先设置为 10%研究自适应筛选算法的有效性，然后设置为 0～1 研究参考窗内目标像素所占比例的影响。

（4）虚警率 $P_{\mathrm{fa}} = 0.1\%$。

使用 MATLAB 按照目标和杂波所服从的分布及其所占参考窗口的比例随机生成参考窗口内的像素值。由于只仿真产生了参考窗口内的像素，并没有全局阈值作为参考，所以未使用全局阈值初始化自适应筛选阈值。自适应筛选算法前后的累积分布函数 CDF 如图 6-6 所示。

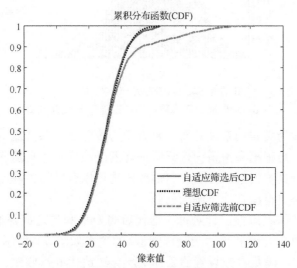

图 6-6　自适应筛选前后参考窗口像素的 CDF（见彩图）

图 6-6 是目标像素占参考窗口比例为 $w_1 =10\%$ 时，进行自适应筛选前后的 CDF 对比图。黑色的虚线是理想的背景杂波像素的 CDF，粉红色的点划线是自适应筛选

前参考窗口内像素的 CDF，红色实线是自适应阶段后参考窗口内像素的 CDF。

自适应筛选操作前后的灰度直方图如图 6-7 所示。

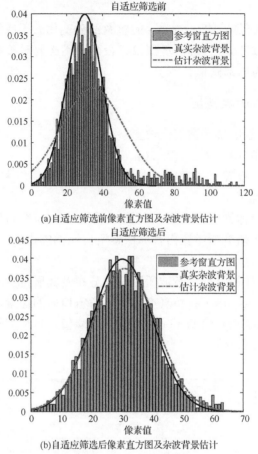

(a)自适应筛选前像素直方图及杂波背景估计

(b)自适应筛选后像素直方图及杂波背景估计

图 6-7　自适应筛选前后参考窗像素分布直方图

图 6-7 中实线为真实的杂波分布，直方图为按照目标杂波比例混合产生的像素值的直方图，虚线是根据参考窗内像素所估计的杂波分布。自适应筛选后所估计的杂波分布更加符合真实的杂波分布。自适应筛选可以有效地去除参考窗口内包含的目标像素，进而解决检测性能下降的问题。

为了验证算法的收敛性，针对每次迭代后的 D 值和自适应筛选阈值 t 的变化进行研究，迭代次数与 D 值和自适应筛选阈值 t 的关系如图 6-8 所示。

由图 6-8 可知，满足参数设置的条件下，算法迭代 6 次收敛。仿真研究发现当目标像素占参考窗总像素比例 w_1 大于 20%时，自适应筛选方法不能有效地去除目标像素污染。实验表明，使用全图像素值估计的全局阈值 T_{CFAR} 作为初始筛选阈值 t，可有效解决这一问题。

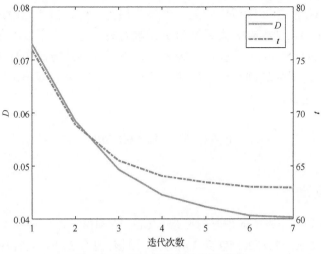

图 6-8 D 和 t 与迭代次数的关系

6.3.3 区域阈值的可行性分析

传统 CFAR 算法基于像素进行检测,即用滑动窗口逐像素对整幅 SAR 图像进行检测。分辨率的提高使得计算量随 SAR 图像的像素而增加。对于实际的 SAR 图像,在一定的区域范围内的背景杂波分布不会有较大的变化。经过自适应筛选之后,使用同一阈值对整个区域进行检测,可以减少不必要的阈值估计所带来的运算量。

使用图 6-10(a)的多目标区域进行实验,分别使用双参数 CFAR 和本章算法对图像每个像素位置的阈值进行估计,并计算所有 3×3 区域内的阈值方差来衡量阈值变化。区域阈值方差如图 6-9 所示。

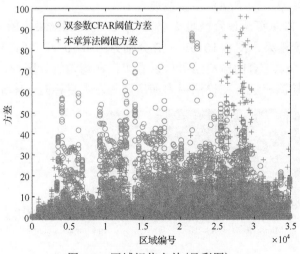

图 6-9 区域阈值方差(见彩图)

双参数 CFAR 的 3×3 区域内的阈值方差均值为 2.55，自适应筛选后区域内的阈值方差均值为 0.70。自适应筛选后的 3×3 区域内阈值方差大于双参数 CFAR 阈值方差仅占所有区域的 2.88%。实验结果表明，在自适应筛选方法去除参考窗口内包含的目标像素后，使用区域阈值进行检测是可行的。在带来有限检测损失的情况下极大地提升了检测速度。

6.4　实　验　验　证

6.4.1　实验设置

实验平台参数如下：电脑型号为联想 IdeaPad Y510P，操作系统为 Windows 10 64 位，CPU 为 Intel Core i7-4700MQ @ 2.40GHz 四核，内存 8 GB，运行环境为 MATLAB 2015b。程序未进行并行运算和优化。

实验使用分辨率为 0.1m×0.1m 美国 Sandia 实验室的 MiniSAR 高分辨 SAR 图像数据[87]，图像大小为 1638×2510。实验中主要与双参数 CFAR 算法进行比较，验证本章算法在解决检测损失问题的同时可以提高算法的速度并且无需复杂的参数设置。

6.4.2　实验结果及分析

图 6-10(a) 和图 6-10(b) 分别为非同一时刻的阿罗约蒂赫拉斯高尔夫球场的 SAR 图像和 Google Earth 光学图像。图像右侧的停车场有大量间距小的民用车辆，车辆大小约为 2m×4m。考虑到目标大小、间距和图像分辨率，设置背景窗口大小为 59×59，保护窗口大小为 39×39（简记为 59-39），恒虚警率通常设为 0.1%。停车场区域可以有效验证多目标场景下的 CFAR 检测性能。

图 6-10(c) 为本章算法设置区域大小 s 为 3 的检测结果，图 6-10(d) 为双参数 CFAR 的目标检测结果，图 6-10(e)、(f) 分别为图 6-10(c)、(d) 多目标区域的检测结果。从图 6-10(c)、(f) 的检测结果可以看出：在均匀场景区域，本章算法与传统 CFAR 算法性能检测相近；在检测树木和房屋等较大目标时，本章算法可以保证检

(a) MiniSAR高分辨SAR图像　　　　　　　(b) Google Earth光学图像

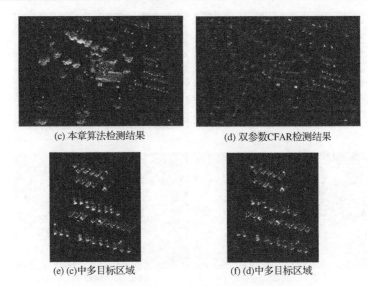

(c) 本章算法检测结果　　　　　　(d) 双参数CFAR检测结果

(e) (c) 中多目标区域　　　　　　(f) (d) 中多目标区域

图 6-10　MiniSAR 图像及目标检测结果

测目标的完整，便于后续的聚类和鉴别，从而降低虚警率；在多目标区域的检测方面，本章算法保持了更多的目标细节，可以有效解决传统算法检测性能下降的问题。

接下来研究参考窗口大小的设置对于 CFAR 检测算法的影响和区域大小 s 对于本章算法的影响。表 6-1 和表 6-2 分别记录了双参数 CFAR 和本章算法检测图 6-11 (a) 的耗时。图 6-11 (a) 中包含坦克和房子等感兴趣目标，图 6-11 (b)、(c) 和 (d) 为参考窗口分别设定为 59-39、129-99、139-119 的检测结果，结果表明双参数 CFAR 参考窗口大小的设定对于检测结果有着重要的影响。仍使用 59-39 大小的参考窗口，图 6-11 (e)、(f) 为本章算法和区域大小 s 分别为 3 和 9 时的检测结果，得到两点结论：①本章算法在参考窗口大小不合适时仍可以有效地降低检测损失；②本章算法中的参数区域大小 s 越大，检测速度越快，但会引入部分虚警，要根据实际应用的需要合理调整步长 s 大小。

表 6-1　双参数 CFAR 检测时间

参考窗口大小	59-39	99-79	139-119
t/s	186.12	454.80	528.30

表 6-2　本章算法检测时间（窗口大小为 59-39）

区域大小	3	5	9
t/s	150.04	56.04	20.89

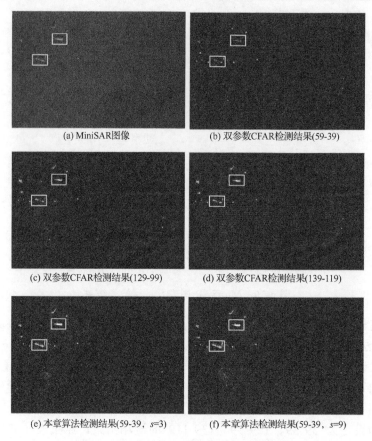

(a) MiniSAR图像　　　　　　　　(b) 双参数CFAR检测结果(59-39)

(c) 双参数CFAR检测结果(129-99)　　　(d) 双参数CFAR检测结果(139-119)

(e) 本章算法检测结果(59-39, $s=3$)　　　(f) 本章算法检测结果(59-39, $s=9$)

图 6-11　MiniSAR 图像及目标检测结果

6.5　本 章 小 结

　　本章在双参数 CFAR 基础上提出了自适应筛选方法来解决目标像素污染杂波背景分布估计所带来检测性能下降的问题,然后使用区域阈值提高检测算法的速度,实现了 SAR 图像在多目标等非均匀情况下目标的快速检测。主要有以下优势:①无需复杂的参数设置和估计,在多目标和杂波边界等复杂环境背景下,本章算法具有稳定的检测性能。②在无先验知识支持、参考窗口大小不合适的背景下,本章算法能有效地检测目标。③目标检测速度可根据实际需求进行调整,可有效提高检测速度。

　　自适应筛选快速 CFAR 算法检测出大场景 SAR 图像中疑似目标的像素点后,再使用像素聚类算法即可得到潜在目标区域的 SAR 图像切片,这些图像切片包括了目标、自然杂波和人造杂波,如何对目标和背景进行高准确率地鉴别是接下来需要研究的重要内容。

第 7 章　基于 Krawtchouk 矩特征的目标鉴别

7.1　引　　言

目标鉴别阶段仍要对较多的潜在目标区域进行处理,对鉴别算法速度要求较高,所以基于特征的鉴别方法成为最优的选择,迄今为止研究人员提出了许多 SAR 图像的鉴别特征。在基于特征的鉴别方法中,所选取特征的有效性直接影响着鉴别结果,传统的目标鉴别特征可以有效区分目标和自然杂波,而对于目标和人造杂波的鉴别能力较差。并且,目前的目标鉴别算法并未考虑到不同鉴别错误类型所带来的损失是不同的。

为了提升对人造杂波的鉴别能力,解决非均等代价问题,本章提出了基于 Krawtchouk 矩特征的 SAR 图像目标鉴别方法。首先对 SAR 图像的 Krawtchouk 矩特征提取进行研究,然后对代价敏感神经网络分类器进行研究,最后使用 MiniSAR 图像制作目标鉴别数据库,对所提方法的有效性进行验证。

7.2　SAR 图像的 Krawtchouk 矩特征提取

7.2.1　Krawtchouk 矩

图像的 Krawtchouk 矩特征的本质就是图像在 Krawtchouk 多项式上的投影。Krawtchouk 多项式的定义如下

$$K_n(x;p,N) = \sum_{k=0}^{N} a_{k,n,p} x^k = {}_2F_1\left(-n,-x;-N;\frac{1}{p}\right) \tag{7-1}$$

式中, N 为正整数, x 和 n 为 $0 \sim N$ 的整数, p 为 $0 \sim 1$ 的实数, ${}_2F_1$ 为高斯超几何函数,具体的定义如下

$$_2F_1\left(-n,-x;-N;\frac{1}{p}\right) = \sum_{k=0}^{\infty} \frac{(-n)_k(-x)_k}{(-N)_k} \frac{1}{p^k \cdot k!} \tag{7-2}$$

式中, $(\cdot)_k$ 表示阶乘幂,计算公式为

$$(a)_k = a(a+1)\cdots(a+k-1) \tag{7-3}$$

为了克服 Krawtchouk 多项式存在的数值不稳定性问题，通常使用加权 Krawtchouk 多项式。其定义为

$$\bar{K}_n(x;p,N) = K_n(x;p,N)\sqrt{\frac{w(x;p,N)}{\rho(x;p,N)}} \tag{7-4}$$

式中，$w(x;p,N) = \binom{N}{x}p^x(1-p)^{N-x}$，$\rho(x;p,N) = (-1)^n\left(\frac{1-p}{p}\right)^n\frac{n!}{(-N)_n}$。可以验证，加权 Krawtchouk 多项式是正交的。参数 p 为位移参数，该特征可以用来聚焦图像内的感兴趣区域。当 p 与 0.5 的差值为 Δp 时，加权 Krawtchouk 多项式大约偏移 $N\Delta p$。

将图像的像素值看成一个二维函数 $f(x,y)$，M 和 N 分别表示图像的宽度和高度，图像的 (n,m) 阶 Krawtchouk 矩定义为

$$Q_{n,m} = \sum_{x=0}^{N-1}\sum_{y=0}^{M-1}\bar{K}_n(y;p_1,N-1)\bar{K}_m(x;p_2,M-1)f(x,y) \tag{7-5}$$

Krawtchouk 矩是一种使用有限的值集表示二维函数的有效工具，并且先前已被用于图像压缩和识别[88]。在提取到 $M\times N$ 个 Krawtchouk 矩特征之后，需要选择合适的特征选择方法，在降低特征维度的同时，提升特征的有效性。

7.2.2　基于最大信息系数的特征选择

Reshef[89]等提出最大信息系数（Maximal Information Coefficient，MIC）理论和统计计算方法来捕捉变量之间的依赖性。MIC 不仅可以衡量大量数据之间的线性和非线性关系，而且能够发掘变量之间的非函数依赖关系[90]。

MIC 的基本思想是：如果两个变量之间存在相关性，则可以在两个变量的散点图上绘制网格来划分和封装它们之间的相关性。MIC 的计算需要利用互信息和网格划分法。

给定两个具有离散值的随机变量 $A = \{a_i, i = 1,\cdots,n\}$ 和 $B = \{b_i, i = 1,\cdots,n\}$，其中，$n$ 是变量中的元素数目，互信息（MI）的定义如下

$$\mathrm{MI}(A,B) = \sum_{a\in A}\sum_{b\in B}p(a,b)\log\frac{p(a,b)}{p(a)p(b)} \tag{7-6}$$

式中，$p(a,b)$ 是变量 a 和 b 的联合概率密度，$p(a)$ 和 $p(b)$ 分别是变量 a 和 b 的边缘概率密度。上述的概率密度使用直方图进行计算。

一个有限的有序对集合 $D = \{(a_i,b_i), i = 1,\cdots,n\}$，定义 $x\times y$ 的网格分区 G 如下：将变量 A 的值域分成 x 段，变量 B 的值域分成 y 段。用 $D|G$ 表示 G 对集合 D 进行分区。对于集合 D，$x\times y$ 的网格分区 G 的划分方式有多种。定义在划分 G 下 D 的最大互信息公式为

$$\text{MI}^*(D,x,y) = \max \text{MI}(D \mid G) \tag{7-7}$$

式中，$\text{MI}(D \mid G)$ 是集合 D 在划分 G 下的互信息，MI 的计算公式由式 (7-6) 给出。对给定的固定集 D，不同划分 G 的最大 MI 进行归一化得到特征矩阵，定义如下

$$\text{MI}(D)_{x,y} = \frac{\text{MI}^*(D,x,y)}{\log \min\{x,y\}} \tag{7-8}$$

MIC 是在特征矩阵中实现的最高归一化 MI，它被定义为

$$\text{MIC}(D) = \max_{xy < B(n)} \{\text{MI}(D)_{x,y}\} \tag{7-9}$$

式中，$B(n)$ 为 $x \times y$ 网格划分的上限值。通常 $\omega(1) \leqslant B(n) \leqslant O(n^{1-\varepsilon})$，$0 < \varepsilon < 1$。文献 [89] 指出当 $B(n) = n^{0.6}$ 时，MIC 在实际应用中有着良好的表现，所以本章的实验中使用该值。

在进行特征选择时，使用 MIC 来衡量特征与类别之间的相关性。对于第 j 个特征，定义 $D_j = \{(f_{i,j}, c_i), i = 1, \cdots, n\}$ 为计算 MIC 的有序对集合，其中，n 为样本的数目，$f_{i,j}$ 为第 i 个样本的第 j 个特征，c_i 为某个样本的类别，则 $\text{MIC}(D_j)$ 衡量了特征 f_j 与类别 c 之间的相关性，其取值范围为 $[0,1]$。$\text{MIC}(D_j)$ 的值越大，表明特征 f_j 与类别 c 之间相关性越强，则特征 f_j 越倾向于保留；反之则说明特征 f_j 与类别 c 之间相关性越弱，可以舍去特征 f_j。

7.3　代价敏感神经网络分类器设计

7.3.1　多隐层神经网络

单隐层神经网络具有强大的学习能力，可以拟合任意函数。但是拟合越复杂的函数需要的神经元个数就越多，带来巨大的计算负担。而且从增加模型复杂度的角度看，增加隐层的数目比增加隐层神经元的数目更为有效。因为增加隐含层数不仅增加了拥有激活函数的神经元数目，还增加了激活函数嵌套的层数。但多隐层神经网络因梯度逆向传播发散的问题难以训练。同时，多隐层神经网络的训练效率低，易陷入过拟合。

对于多层神经网络难以训练的问题，将常用的 sigmoid 激活函数替换为 ReLU 函数，可以有效地解决多层神经网络训练时存在的梯度下降问题，提高训练速度。针对多层神经网络存在的过拟合问题，使用 dropout 和 L2 正则化来提高网络的泛化性能。

本章使用的多隐层神经网络包含输入层、输出层和 3 个隐含层。输入层的神经

元个数根据输入的特征维数确定，3 个隐含层分别包含 120 个神经元，输出层包含 2 个神经元，分别代表目标和杂波，其结构图如图 7-1 所示。

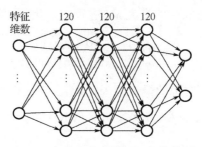

图 7-1　本章多隐层神经网络结构图

7.3.2　非均等代价函数

在 SAR 图像目标鉴别时，将杂波判定为目标(虚警)会少量增加下一阶段目标识别的计算量，但将目标判定为杂波(漏警)会造成严重的后果。为了权衡虚警和漏警所造成的不同损失，神经网络分类器使用非均等代价函数。

SAR 图像目标鉴别是二分类问题，也就鉴别区域内是否包含目标。本章在对数损失函数的基础上进行改进，改进后的损失函数如下

$$\text{Cost} = \frac{1}{n}\sum_{i=1}^{n}\left[\frac{2\lambda}{\lambda+1}\cdot y_{\text{true}}\cdot\ln y_{\text{pred}} + \frac{2}{\lambda+1}\cdot(1-y_{\text{true}})\cdot\ln(1-y_{\text{pred}})\right] \tag{7-10}$$

式中，n 为训练样本个数；λ 为漏警代价系数，λ 越大则认为漏警带来的代价越大；y_{true} 为类别标签，一般情况下目标的 y_{true} 为 1，背景杂波的 y_{true} 为 0；y_{pred} 为神经网络输出的预测值，取值范围为[0,1]。

7.4　实　验　验　证

7.4.1　实验设置

电脑型号为联想 IdeaPad Y510P，操作系统为 Windows 10 64 位，CPU 为 Intel Core i7-4700MQ @ 2.40GHz 四核，内存 8 GB。

使用美国 Sandia 国家实验室的 MiniSAR 图像制作数据库，分辨率为 0.1m×0.1m。对 9 幅包含目标的 SAR 图像使用双参数 CFAR 进行目标检测并提取潜在目标区域的 SAR 图像切片，人为将这些 SAR 图像切片标注为目标、自然杂波和人造杂波。对

所提取的目标和杂波切片通过旋转、反转、随机裁剪等方式进行数据增强，每类随机抽取 800 幅作为 SAR 图像目标鉴别的数据库。

7.4.2　评价指标

1. ROC 曲线和 AUC

使用受试者工作特征(Receiver Operating Characteristic，ROC)曲线和 ROC 曲线下的面积(Area Under ROC Curve，AUC)来衡量均等代价条件下特征和分类器的有效性。

ROC 曲线的横轴是"假正例率"(True Positive Rate，TPR)，也就是虚警率；纵轴为"真正例率"(False Positive Rate, FPR)，也就是侦测率。两者的定义分别为

$$TPR = \frac{TP}{TP + FN} \tag{7-11}$$

$$FPR = \frac{FP}{TN + FP} \tag{7-12}$$

式中，TP、FP、TN、FN 符号所表示的含义如表 7-1 所示。

表 7-1　二分类结果混淆矩阵

真实情况	预测结果	
	正例	反例
正例	TP(真正例)	FN(假反例)
反例	FP(假正例)	TN(真反例)

2. F_β 度量

F_β 度量表示对查准率 P 和查全率 R 的不同偏好，查准率、查全率和 F_β 度量的定义如下

$$P = \frac{TP}{TP + FP} \tag{7-13}$$

$$R = \frac{TP}{TP + FN} \tag{7-14}$$

$$F_\beta = \frac{(1 + \beta^2) \times P \times R}{(\beta^2 \times P) + R} \tag{7-15}$$

式中，$\beta > 0$ 度量了查全率对查准率的相对重要性，$\beta > 1$ 时，查全率对 F_β 有更大影响；$\beta < 1$ 时，查准率对 F_β 有更大影响。

7.4.3 实验结果及分析

1. Krawtchouk 矩特征有效性的验证

首先提取鉴别数据库中所有图像的 Krawtchouk 矩特征、Hu 不变矩特征、相邻特征、旧的林肯实验室鉴别特征、新的林肯实验室鉴别特征，然后将这些特征分别作为神经网络的输入，对神经网络进行训练。使用 3.3.1 节所提到的多隐层神经网络对目标与自然杂波和目标与人造杂波进行鉴别，绘制 k 折交叉验证所得到 k 个 ROC 曲线的平均 ROC 曲线，并计算 AUC 来衡量不同特征的有效性。不同特征对自然杂波和人造杂波鉴别得到的 ROC 曲线如图 7-2 所示。

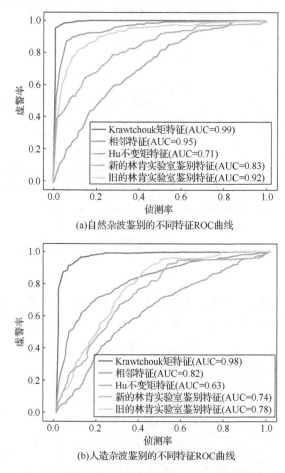

(a)自然杂波鉴别的不同特征ROC曲线

(b)人造杂波鉴别的不同特征ROC曲线

图 7-2　不同目标鉴别特征的 ROC 曲线（见彩图）

根据图 7-2 中的 ROC 曲线和 AUC 可知，Krawtchouk 矩特征的目标鉴别能力优于其他的目标鉴别特征，无论是对自然杂波还是人造杂波都有着良好的鉴别能力。其他鉴别特征对于自然杂波有着较好的鉴别能力，而对于人造杂波表现较差。

2. 多隐层神经网络实验

将图 7-1 中多隐层神经网络的 3 个含有 120 个神经元的隐含层改为 1 个含有 120 个神经元的隐含层，其余结构和参数不变，得到单隐层神经网络。使用不同的特征对单隐层神经网络进行训练和验证得到 ROC 曲线图，如图 7-3 所示。

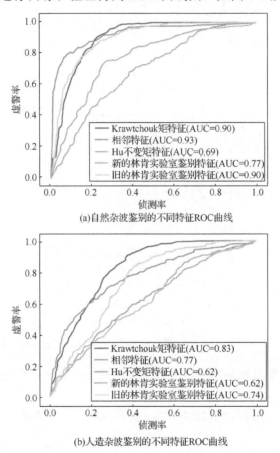

(a)自然杂波鉴别的不同特征ROC曲线

(b)人造杂波鉴别的不同特征ROC曲线

图 7-3　单隐层神经网络不同目标鉴别特征的 ROC 曲线（见彩图）

首先对图 7-2 和图 7-3 的比较不难发现，使用多隐层神经网络提高了所有特征鉴别能力，Krawtchouk 矩特征鉴别能力提升最为明显。根据图 7-3(a)和(b)的对比可知，在使用单隐层神经网络时，Krawtchouk 矩特征在自然杂波的鉴别没有明显的优势。图 7-4 说明了使用多隐层神经网络的 Krawtchouk 鉴别能力相较于单隐层神经网络提高很多。通过实验结果分析可得出以下结论。

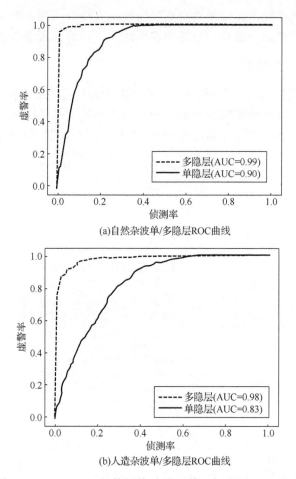

图 7-4　Krawtchouk 矩特征单/多隐层的目标鉴别 ROC 曲线

(1)在 SAR 图像目标鉴别中，多隐层神经网络相较于单隐层神经网络有着更优秀的分类鉴别能力。

(2)Krawtchouk 矩特征是较为高级的目标特征，需要较深的神经网络去训练发掘。

3. 非均等代价函数有效性验证

前两个实验中使用的代价函数为交叉熵代价函数，没有考虑错误类型不同所带来的不同代价。令式(7-10)中非均等代价函数的参数 $\lambda = 9$，使用 Krawtchouk 矩特征训练多隐层神经网络。得到 k 折交叉验证后的平均混淆矩阵如表 7-2～表 7-5 所示。

表 7-2　交叉熵代价函数自然杂波鉴别混淆矩阵

真实情况	预测结果	
	目标	自然杂波
目标	124.67	8.67
自然杂波	9.83	123.5

表 7-3　交叉熵代价函数人造杂波鉴别混淆矩阵

真实情况	预测结果	
	目标	人造杂波
目标	127.17	6.17
人造杂波	16.83	116.5

表 7-4　非均等代价函数自然杂波鉴别混淆矩阵

真实情况	预测结果	
	目标	目然杂波
目标	115.33	18
自然杂波	14.33	119

表 7-5　非均等代价函数人造杂波鉴别混淆矩阵

真实情况	预测结果	
	目标	人造杂波
目标	120.17	13.17
人造杂波	18.17	115.17

根据表 7-2～表 7-5 的混淆矩阵，计算平均准确率、查准率 P、查全率 R 和 F_β。实际应用中将杂波判定为目标（虚警）会少量增加下一阶段目标识别的计算量，但将目标判定为杂波（漏警）会造成严重的后果，所以更加注重查全率，设定 $\beta=10$。计算结果如表 7-6 所示。

表 7-6　两种代价函数实验结果对比

	交叉熵代价函数（自然杂波）	非均等代价函数（自然杂波）	交叉熵代价函数（人造杂波）	非均等代价函数（人造杂波）
准确率/%	93.06	91.38	87.88	88.25
查准率 P/%	92.69	88.31	88.95	86.87
查全率 R/%	93.50	95.37	86.50	90.12
F_β	0.935	0.953	0.865	0.901

根据表 7-6 可知，使用非均等代价函数后，查准率有所降低，但是查全率提升。

查准率的降低带来了后续运算量的少量增加，而查全率的提升有效降低了实战应用中的风险。

7.5　本　章　小　结

本章引入 Krawtchouk 矩特征用于 SAR 图像的目标鉴别，提出使用非均等代价函数作为多隐层神经网络的损失函数来解决非均等代价问题。实验结果表明，本章所提的 SAR 图像目标鉴别方法提升了 SAR 图像目标鉴别的准确率，同时降低了漏警概率。

通过基于 Krawtchouk 矩特征的 SAR 图像目标鉴别，对目标和杂波进行了有效的区分，但是同一目标的 SAR 图像在不同的入射角、极化方式和目标姿态的情况下具有较大的差异，如何对 SAR 目标图像进行高效、准确的识别是接下来要研究的问题。

第8章　基于卷积神经网络和深度学习的目标识别

8.1　引　　言

第6章和第7章已经针对SAR ATR系统的目标检测和目标鉴别两个阶段需要进一步研究的问题进行了深入的分析，并且针对存在的问题提出了相应的解决思路和方法。在前两章所奠定的基础上，本章针对SAR图像的目标识别进行研究。

SAR图像目标识别是SAR ATR系统的重要阶段，直接影响着整个SAR ATR系统的准确率和速度。但是与普通光学图像的识别比较，SAR图像的目标识别更为困难。目前的目标识别阶段待研究的主要内容有：①用于目标识别的特征缺乏代表性，如边缘特征、角点特征、轮廓、纹理等特征都属于低级特征，导致识别精度较低；②在传统的SAR图像目标识别方法中，有效的滤波算法至关重要，但滤波处理非常耗时。

为了提高SAR图像目标识别的准确率，解决滤波耗时的问题。本章前半部分针对SAR图像的特点设计并优化了卷积神经网络用于SAR图像的目标识别。针对SAR图像的特点设计了特征提取部分的卷积神经网络的结构，并且对Softmax分类器进行优化，提升了泛化性能，最后使用MSTAR数据库对所提卷积神经网络的SAR图像目标识别效果和噪声抑制效果进行了实验验证。

SAR图像目标识别阶段还面临一个问题，目前的目标识方法都默认为ROI切片只包含一个目标，并进行单一目标的识别，但是ROI切片内包含多个目标是不可避免的，而传统目标识别方法无法识别一张切片内的多个目标。针对这一问题，将基于深度学习的目标检测算法引入SAR图像的目标识别。本章后半部分针对深度学习目标检测框架在SAR图像目标识别领域的应用进行了实验研究。首先介绍了两种具有代表性的目标检测框架Faster-RCNN[91]和SSD[92]，然后针对两种框架在SAR图像自动目标识别领域的应用进行研究和改进。实验结果表明，基于深度学习的目标检测框架可以对ROI切片中的多个目标进行识别。

8.2　卷积神经网络目标识别流程

图8-1是本章实现SAR图像目标识别的卷积神经网络模型组成，描述了基于卷积神经网络SAR图像目标识别的流程。

　　步骤 1　数据输入。输入图像来源于 MSTAR 数据库。该数据库由 10 类地面军事目标的 SAR 图像目标切片组成,每类包含有数百幅从不同视角获取的目标雷达图像切片。每幅图片的大小为 128×128 像素点。

　　步骤 2　特征提取。使用卷积层、下采样层和非线性层对输入的 SAR 图像目标切片进行特征提取。每个卷积层后都跟随一个 ReLU 非线性层,解决梯度消失的问题,从而加快网络的训练速度。

　　步骤 3　根据特征进行分类。Softmax 分类器输入为特征提取部分所提取的 120 幅大小为 1×1 的特征图。隐含层的神经元个数为 120 个,使用 sigmoid 函数作为非线性函数。输出的神经元个数与目标种类的个数相同。使用交叉熵代价函数评价模型的分类结果,并使用批量梯度下降(Batch Gradient Descent,BGD)算法,进行反向传播,不断地调整优化网络参数,提高目标识别的准确率。

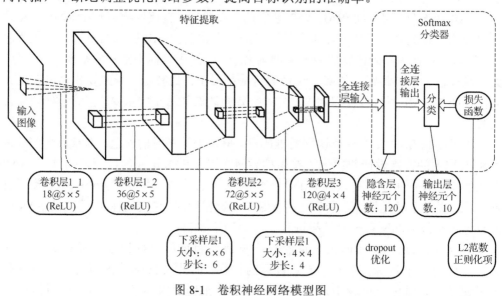

图 8-1　卷积神经网络模型图

8.3　改进的特征提取网络结构

8.3.1　特征提取网络的结构

　　SAR 图像相较于光学图像有巨大的差异,要针对 SAR 图像的特点设计合理的网络结构。①反映目标雷达回波强度的 SAR 图像是灰度图像,与光学图像相比包含目标的特征信息较少;②SAR 图像不可避免地存在相干斑噪声;③由于 SAR 图像的分辨率限制,目标的像素大小较小。

　　针对以上 SAR 图像的特点,设计卷积神经网络模型:卷积神经网络的参数越多,模型容量越大,应用在包含目标信息较少的 SAR 图像目标识别可能会发生过拟合现象;卷积层数越多,对于抑制 SAR 图像的相干斑噪声效果越好;SAR 图像的目标像素大小较小,使用较大的卷积核无法有效地提取目标的细节特征。综上所述,应用于 SAR 图像目标识别的卷积神经网络要使用较小的卷积核和适当的卷积层数。设计特征提取部分由 4 个卷积层、4 个非线性层和 2 个下采样层组成。

　　使用多个较小的卷积核与使用较大卷积核效果相近,但降低了参数数量和计算量。例如,当输入图像的大小为 $s \times s$ 时,1 个 9×9 卷积核与 2 个级联 5×5 的卷积核参数和计算量如表 8-1 所示。

表 8-1　不同卷积核大小的参数和计算量

	9×9 卷积核	2 个级联 5×5 卷积核
参数个数	81	50
乘法计算量	$81(s-8)^2$	$25(s-4)^2 + 25(s-8)^2$

注:s 为输入图像大小。

　　首先,2 个级联 5×5 大小卷积核参数要少于 9×9 大小的卷积核;然后,通过计算可知,当图像大小 $s > \dfrac{1}{31}(348 + 40\sqrt{14}) = 16.05$ 时,使用 2 个级联 5×5 大小的卷积核计算量也要小于使用单个 9×9 大小的卷积核。同时,非线性层也随卷积层数增多而增多,虽然非线性层会增加模型的复杂度,但在不增加模型参数的情况下提高了模型的特征提取能力。

8.3.2　卷积神经网络对噪声的抑制

　　相干斑噪声是相干成像系统固有的一种现象,它会降低 SAR 图像的质量,给目标识别带来不利的影响。抑制相干斑噪声的技术主要分为三类:多视处理;基于图像统计特性的滤波方法,如 Lee、Kuan 和 Gamma MAP 等滤波器;变换域多尺度滤波方法,如小波软阈值、曲波滤波等。

　　在数字图像处理领域,使用权值和大小不同的卷积核对图像进行卷积操作,可以对图像进行不同的滤波或特征提取操作。有效的滤波算法对于确保 SAR 图像目标识别的准确率至关重要。

　　在卷积神经网络训练过程中,卷积层的权重会不断调整使得识别准确率的提高,只有卷积层学习到如何抑制相干斑噪声,识别才会达到更高的准确率。所以,将卷积神经网络应用于 SAR 图像的目标识别无需耗时的滤波处理。

8.4　优化的 Softmax 分类器

8.4.1　正则化项

为了提高网络的泛化性，在损失函数中加入 L2 正则化项，即

$$L = L_0 + \frac{\lambda}{2m}\sum_{i}^{n} w_i^2 \tag{8-1}$$

式中，L 为加入 L2 正则化项(等式右侧第二项)后的代价函数，L_0 为原始的代价函数，λ 为正则项系数，m 为训练样本的大小，n 为权重参数的数目，w 为网络的权重参数。

相较于无正则化项的代价函数，由只需 L_0 最小转变为使得 L_0 减小的同时，确保网络权重参数的平方和 $\sum_{i}^{n} w_i^2$ 尽可能小。下面讨论加入正则化项对于网络的影响，即

$$y = \sigma\left(b + \sum_{i}^{n} w_i x_i\right) \tag{8-2}$$

$$\Delta y = \sigma(w_i \Delta x_i) \tag{8-3}$$

式中，y 表示某个神经元的输出，σ 是非线性函数，w_i 和 b 分别是权重和偏置，n 为权重参数的数目，x_i 为输入的第 i 个维度上的值，Δx_i 和 Δy 表示输入某 1 维的变化量和输出的变化量。当参数 w_i 较小时，SAR 图像的某个特征 x_i 的变化量 Δx_i 对于最终的结果影响较小，增强网络的抗噪声性能。

当权重的总和一定时，使其平方和最小，即

$$\arg\min_{w} \sum_{i}^{n} w_i^2 \tag{8-4}$$

$$\text{s.t.} \sum_{i}^{n} w_i = C \tag{8-5}$$

式中，w_i 为权重，C 为任意常数。使用拉格朗日乘数法进行最优化求解，引入拉格朗日乘数 α，构造拉格朗日函数

$$F(w,\alpha) = \sum_{i} w_i^2 + \alpha\left(\sum_{i} w_i - C\right) \tag{8-6}$$

对所有 w_i 和 α 求导得

$$\begin{cases} 2w_1 + \alpha = 0 \\ 2w_2 + \alpha = 0 \\ \quad\vdots \\ 2w_n + \alpha = 0 \\ \displaystyle\sum_{i}^{n} w_i = C \end{cases} \tag{8-7}$$

由式 (8-7) 可知，当权重之和 C 一定时，所有参数 w_i 相等时，正则化项 $\displaystyle\sum_{i}^{n} w_i$ 取得最小值。引入 L2 正则化项后，网络训练过程中会使权重参数 w_n 更为均衡，不会过于依赖某个特征 x_i，增强了网络的泛化性能。

8.4.2　dropout 原理

dropout 是 Hinton[93]等在 2012 年提出的一种可以有效防止过拟合的神经网络训练的方法，dropout 的原理如图 8-2 所示。

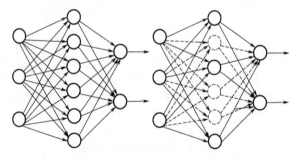

图 8-2　dropout 原理示意图

对于包含 L 个隐含层的神经网络，用 $l \in \{1, \cdots, L\}$ 分别表示每个隐含层，$z^{(l)}$ 表示 l 层的输入向量，$y^{(l)}$ 表示 l 层的输出向量。$W^{(l)}$ 和 $b^{(l)}$ 分别表示 l 层的权重和偏置，f 表示非线性函数。对于 l 层第 i 个神经元的前向传播可以表示为

$$z_i^{(l+1)} = w_i^{(l+1)} y^{(l)} + b_i^{(l+1)} \tag{8-8}$$

$$y_i^{(l+1)} = f(z_i^{(l+1)}) \tag{8-9}$$

引入 dropout 之后，前向传播的式子变为

$$r_i^{(l)} \sim \mathrm{Bernoulli}(p) \tag{8-10}$$

$$\tilde{y}^{(l)} = r^{(l)} * y^{(l)} \tag{8-11}$$

$$z_i^{(l+1)} = w_i^{(l+1)} \tilde{y}^{(l)} + b_i^{(l+1)} \tag{8-12}$$

$$y_i^{(l+1)} = f(z_i^{(l+1)}) \tag{8-13}$$

式中，$*$ 表示对应元素相乘。$r_i^{(l)}$ 是每个元素独立服从伯努利分布的向量，通过与 l 层的输出 $y^{(l)}$ 对应元素相乘得到 $\tilde{y}^{(l)}$ 作为下一层的输入。每个隐含层都是相当于用 dropout 从整个神经网络中采样子网络。在训练过程中，对子网络进行反向传播更新参数。在测试过程中，权重 $W^{(l)}$ 按照 p 缩放为 $pW^{(l)}$，通常 p 设定为 0.5。

8.5　卷积神经网络目标识别实验验证

8.5.1　实验设置

1. 实验平台参数

CPU 为 Intel Xeon E5-2620v3，主频为 2.4 GHz，显卡为 NVIDIA GeForce GTX1060，显存为 3 GB；系统为 Ubuntu 16.04；编程环境为 OpenCV 3.1.0，cuda 8.0，官方 caffe（编译 python 接口），MATLAB 2016（Linux 版）。

2. 数据集

采用 MSTAR 数据库进行实验，SAR 图片大小为 128×128 像素，图像的分辨率为 0.3m×0.3m。选取在 15° 和 17° 俯仰角下 10 类目标的 SAR 图像数据，包含 2S1、BMP2、BRDM2、BTR60、BTR70、D7、T62、T72、ZIL131 和 ZSU234。数据集的组成如表 8-2 和图 8-3 所示。

表 8-2　实验数据集的组成

目标种类	17°(训练)	15°(测试)	总数
2S1	299	274	573
BMP2(9563)	233	195	428
BMP2(9566)	/	196	196
BMP2(C21)	/	196	196
BRDM2	298	274	572
BTR60	256	195	451
BTR70	233	196	429
D7	299	274	573
T62	299	273	572
T72(132)	232	196	428
T72(812)	/	195	195
T72(S7)	/	191	191

第 8 章　基于卷积神经网络和深度学习的目标识别　　　　　　　　　　　· 97 ·

续表

目标种类	17°(训练)	15°(测试)	总数
ZIL131	299	274	573
ZSU234	299	274	573
合计	2747	3203	5950

注："/ "表示没有该数据。

(a)2S1　　　(b)BMP2　　　(c)BRDM2　　　(d)BTR60　　　(e)BTR70

(f)D7　　　(g)T62　　　(h)T72　　　(i)ZIL131　　　(j)ZSU23

图 8-3　10 类 SAR 目标图像示例

3. 参数设置

实验的训练集是 17°俯仰角下的 10 类 SAR 图像数据(不包含 BMP2 和 T72 的变体 BMP2_SNC21、BMP2_SN9566、T72_SN812、T72_SNS7),测试集是 15°俯仰角下包含变体的 10 类 SAR 图像数据。

卷积神经网络的结构已经在 4.2 节中说明,训练所用的超参数如下。

基础学习率:0.004。

动量:0.9。

权值衰减:0.0005。

学习率衰减策略：$\text{learning\_rate} = \text{base\_lr} \times (1 + \gamma \times \text{iter})^{-\text{power}}$，其中，$\gamma = 0.0001$，$\text{power} = 0.75$。

最大迭代次数：10000。

4. 实验过程

10 类 SAR 图像目标的识别，使用 MSTAR 数据集中俯仰角为 17°所获取的目标图像作为训练集，使用 BGD 来更新网络的参数，每个批次输入的图像为 32 幅，训练集图片共 2725 幅，迭代约 86 次完成一轮，迭代设置为 10000 次约 116 轮。训练过程中每迭代 86 次，在整个训练集进行测试。

修改网络模型的结构及优化，进行 4 个对比实验：将前 2 个 5×5 卷积核替换为 9×9 卷积核；全连接层使用 dropout 优化；代价函数引入 L2 正则化项；不使用优化策略。通过 4 个对比实验研究卷积核大小、L2 正则化项和 dropout 对网络模型的识别准确率的影响。

验证卷积神经网络无需耗时的滤波处理。对 MSTAR 数据集(不含变体)中的每幅图片进行 Lee 滤波、双边滤波和 Gamma MAP 滤波，得到 3 个滤波后的数据集，使用 3 个数据集对所建立的卷积神经网络模型进行训练。通过比较模型的收敛速度和准确率来研究滤波的影响。

8.5.2　实验结果及分析

1. 10 类目标识别结果与分析

所提的网络模型在训练第 40 轮左右收敛。迭代的次数为 10000 次，在 GPU 的训练条件下耗时 207.46s。在第 50~116 轮间的含变体平均识别准确率为 95.91%~98.10%。迭代在 9200 次时达到最高的准确率，混淆矩阵如表 8-3 所示。

表 8-3　MSTAR 目标识别混淆矩阵

测试目标	识别结果										准确率/%
	2S1	BMP2	BRDM2	BTR60	BTR70	D7	T62	T72	ZIL131	ZSU234	
2S1	259	12	1	1	0	0	0	0	1	0	94.53
BMP(9563)	0	194	0	0	0	0	0	1	0	0	99.48
BMP(9566)	0	185	0	0	2	0	0	9	0	0	94.39
BMP(C21)	0	184	0	2	0	0	0	9	0	0	93.88
BRDM	0	0	270	0	0	0	0	3	0	1	98.54
BTR60	1	2	3	187	2	0	0	0	0	0	95.90
BTR70	0	0	0	0	196	0	0	0	0	0	100
D7	2	0	0	0	0	272	0	0	0	0	99.27

续表

测试目标	识别结果										准确率/%
	2S1	BMP2	BRDM2	BTR60	BTR70	D7	T62	T72	ZIL131	ZSU234	
T62	0	0	1	0	0	0	272	0	0	0	99.63
T72(132)	0	0	0	0	0	0	0	196	0	0	100
T72(812)	0	3	0	0	0	0	0	192	0	0	98.46
T72(S7)	0	2	0	0	1	0	0	188	0	0	98.43
ZIL131	0	0	0	0	0	0	0	0	273	1	99.64
ZSU234	0	0	0	0	0	0	0	0	0	274	100
整体识别率/%	98.10										

表 8-3 中目标识别的准确率体现了所提出的卷积神经网络模型对于 SAR 图像目标识别方法的有效性。表 8-4 与文献[85]所提出的卷积神经网络方法进行了对比，实验结果表明，所提的卷积神经网络模型不仅在整体识别率上有较大提高，对于型号不同的变体也有着较高的识别准确率。

综上所述，可以得到以下两个结论。

(1)本章的模型在 SAR 图像目标识别整体识别率达到 98.10%，改进后的特征提取网络结构提取了更为有效的目标特征，进而提高了模型的准确率。

(2)本章的模型在 SAR 图像目标变体的识别方面的准确率也有较大的提高，Softmax 分类器的优化增强了模型的泛化性能。

表 8-4　MSTAR 目标识别结果对比

测试目标	准确率(含变体)/%	
	文献[85]方法	本章方法
2S1	93.07	94.54
BMP(9563)	98.97	99.48
BMP(9566)	88.27	94.39
BMP(C21)	85.71	93.88
BRDM2	93.80	98.54
BTR60	97.44	95.90
BTR70	99.49	100
D7	93.43	99.27
T62	94.87	99.63
T72(132)	98.98	100
T72(812)	78.97	98.46
T72(S7)	85.86	98.43
ZIL131	99.64	99.64
ZSU234	99.27	100
整体识别率/%	93.76	98.10

2. 优化效果对比实验结果与分析

对网络结构的优化和调整的对比实验结果如表 8-5 所示,表中准确率为 50～116 轮间的含变体平均识别准确率。

表 8-5　优化效果对比实验结果

9×9 卷积核	L2 正则化	dropout	准确率(含变体)/%
√	√	√	93.63～97.06
	√	√	95.91～98.10
	√		95.94～96.19
		√	89.47～96.88
			91.04～94.91

注:" √ "表示使用相应方法。

由表 8-5 可知,在不采用 L2 正则化和 dropout 时,网络的识别率为 91.04%～94.91%。只采用 dropout 时网络的准确率变为 89.47%～96.88%,dropout 在提升最高的识别准确率时,增大了识别率的波动范围,这是因为 dropout 在克服过拟合的同时,子网络采样的不确定性使得网络训练过程存在较大的波动;只采用 L2 正则化使网络识别的准确率提升至 95.94%～96.19%,说明采用 L2 正则化可有效地提高网络识别准确率;当第 1 层使用 9×9 卷积核代替 2 个 5×5 的卷积核时,准确率由 95.91%～98.10%下降至 93.63%～97.06%,准确率有所下降。

3. 卷积神经网络噪声抑制结果与分析

对 MSTAR 数据集(不含目标变体)的每幅图片分别进行 Lee 滤波、双边滤波和 Gamma MAP 滤波得到 3 个滤波后的数据集。使用 3 个不同滤波方法的数据集训练所提出的卷积神经网络,滤波前后的准确率和使用 MATLAB 滤波时间对比如表 8-6 和图 8-4 所示。

表 8-6　滤波时间及准确率

数据集	滤波时间/s	准确率(不含变体)/%
双边滤波	1638.44	96.70～98.51
Gamma MAP	3080.65	96.99～98.68
Lee 滤波	1391.21	97.57～99.05
原始图像	0	96.95～99.18

由表 8-6 和图 8-4 可知,滤波处理消耗较长的时间,没有提高卷积神经网络训练的收敛速度,识别准确率反而有所降低。这是因为滤波过程可能滤除了目标纹理等有效的目标识别特征而导致识别精度的下降。说明卷积神经网络经过训练后可有效抑制相干斑噪声,无需耗时的滤波处理。

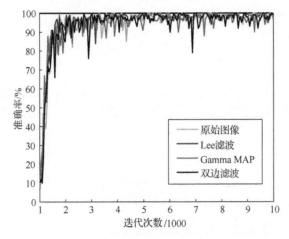

图 8-4　滤波前后数据集的训练过程（见彩图）

8.6　基于深度学习的目标检测框架

8.6.1　Faster-RCNN 目标检测框架

为了进一步提高目标检测算法的速度和精度，Ren 等在 R-CNN 和 Fast RCNN 的基础上提出了 Faster-RCNN 目标检测框架，将基于区域建议的目标检测的四个基本步骤（候选区域生成、特征提取、分类和 Bounding Box 回归）统一到一个深度网络框架之内。相较于 Fast RCNN，Faster-RCNN 的准确率略有提高，但是检测速度却提高了 10 倍。Faster-RCNN 目标检测网络结构如图 8-5 所示。

Faster-RCNN 候选区域的生成使用了区域生成网络（Region Proposal Network，RPN）代替了之前 Fast RCNN 的选择性搜索（Selective Search，SS）。创造性地采用 RPN 产生建议区域，并且和目标检测网络共享卷积网络，使得 Faster-RCNN 的候选区域由 Fast RCNN 的 2000 个减少至 300 个，并且候选区域的质量也有着本质的提高。其具体算法流程如下。

步骤 1　输入图像通过共享卷积层，得到共享的特征图。

步骤 2　将共享特征图分别输入到 RPN 网络和特有卷积层。

步骤 3　共享特征图通过 RPN 网络产生区域位置和该区域分属于前景和背景的概率，并且对概率采用非极大值抑制，将概率最高的 300 个区域位置建议给 RoI 池化层。

步骤 4　共享卷积层通过特有卷积层得到更高维的特征图后输入 RoI 池化层。

步骤 5　RoI 池化层结合步骤 3 生成的建议区域和步骤 4 生成的高维特征图，提取对应建议区域的高维特征。

步骤 6　将提取的高维特征送入全连接层，最后输出该区域的目标分类以及回归后的边界框位置。

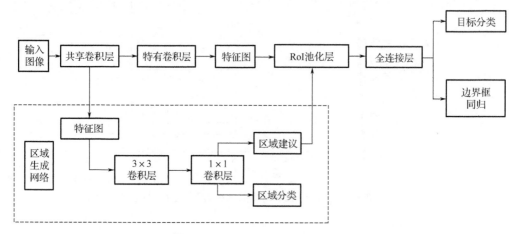

图 8-5　Faster-RCNN 框架示意图

8.6.2　SSD 目标检测框架

无需区域建议的深度学习目标检测框架主要代表有 YOLO[94]和 SSD，这些方法将目标分类和边界框回归合二为一，所以检测速度得到了较大的提升。为了克服 YOLO 精度低的问题，Liu 提出 SSD（Single Shot Detector）目标检测框架，实现了实时的目标检测。相较于 Faster-RCNN，精度相当，而速度提升了约 6 倍。SSD 的网络结构如图 8-6 所示。

SSD 由两部分组成，一部分是基础网络，用来提取输入图像的特征图；另一部分是附加网络，在对基础网络所提取的特征图进行卷积提取更高级的特征的同时，在不同尺度的特征图上进行目标的分类和边界框位置的回归。不同尺度的特征图上的感受野不同，有利于不同大小目标的检测。不同尺度特征图所体现目标特征不同，有利于目标的精确分类。SSD 目标检测框架的算法流程如下。

步骤 1　首先使用常用的卷积神经网络结构，如 VGG-16 作为基础网络来提取输入图像的特征图。

步骤 2　在基础网络所提取特征图的基础上通过附加网络得到不同尺度的特征图。

步骤 3　在不同尺度的特征图上逐个像素使用不同长宽比的方框进行目标位置和特征的提取。

步骤 4　对所有不同尺度特征图的每个像素位置所提取的位置信息和目标特征分别通过卷积神经网络进行边界框的回归和目标的分类。

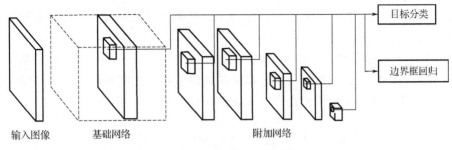

输入图像　　　　　基础网络　　　　　　　　附加网络

图 8-6　SSD 框架示意图

8.7　针对 SAR 图像的检测框架研究

8.7.1　预训练模型

在机器学习领域，迁移学习是指将从一个环境中学到的知识用来帮助新环境中的学习任务，也就是将已经训练好的模型参数迁移到新的数据集。目前多数的基于深度学习的目标检测框架都使用了迁移学习确保网络训练的收敛或避免数据量过小而引起的过拟合。Faster-RCNN 和 SSD 目标检测框架都使用在 ImageNet 数据库上训练好的模型参数来初始化新的数据集上的模型参数。

但使用预训练模型也带来了一定的局限性：①模型的结构设计不灵活，模型结构必须要与预训练模型结构一致；②预训练模型是进行分类任务训练得到的模型，分类和目标检测有着不同的目标函数，这会导致与最佳检测的结果有所偏差；③运用领域的局限性，由于预训练模型是在光学图像上训练得到的，将其运用到 SAR 图像或者医学图像无法取得理想的结果。

8.7.2　零均值规整化

图像的像素值位于 0～255，但是神经网络权重 w 的初始化策略都是随机的，最常见的神经元表示为

$$\text{ReLU}(Wx+b) = \max(Wx+b, 0) \tag{8-14}$$

式中，ReLU 表示的是整流线性单元(Rectified Linear Units，ReLU)激活函数，W 为权重参数，b 为偏置。

该神经元的操作是对 $Wx+b$ 两侧的数据采取不同的操作方式。在二维的情况下 $Wx+b$ 简化为直线 $y = ax + b$，高维情况下表现为超平面。假设在二维的情况下，图像只表示在第一象限，而随机初始化的 $ax + b$ 在不对图像进行分割的情况下就没有意义，需要多次迭代调整才能对图像进行有效的分割。维数越高，不进行零均值规

整化的图像数据所占据的数据空间区域越小，随机初始化的 $Wx+b$ 对图像数据分割的概率越小。

针对 SAR 图像的特点，在 MSTAR 数据库的训练集上求取了像素的均值，输入图像进行减去均值的操作后，再进行框架的训练或检测。实验结果表明，减去图像均值的预处理操作有助于框架提高收敛速度和精度。

8.8　深度学习目标检测实验验证

8.8.1　实验设置

1. 实验平台参数

CPU 为 Intel Xeon E5-2620v3，主频为 2.4GHz，显卡为 NVIDIA GeForce GTX1080Ti，显存为 12GB，系统为 Ubuntu 16.04。

2. 数据集的制作

采用 MSTAR 数据库进行实验，SAR 图片大小为 128×128 像素点，图像的分辨率为 0.3m×0.3m。选取在 15°和 17°俯仰角下 10 类目标的 SAR 图像数据，共 5652 幅，包含了 2S1、BMP2、BRDM2、BTR60、BTR70、D7、T62、T72、ZIL131 和 ZSU234。对每幅目标切片内的目标进行位置和类别的标注，随机抽取 2826 幅作为训练集，其余的图像作为测试集。

3. 评价指标

目标检测的评价指标主要是评价目标检测框架的检测速度和精度。检测速度由每秒可以检测的图片数来衡量目标检测框架的实时性。检测精度由平均准确率（Average Precision，AP）来衡量，平均准确率的计算公式如下

$$\text{AP} = \int_0^1 P(R)\mathrm{d}R \tag{8-15}$$

式中，$P(R)$ 是目标检测框架对某个目标的准确率-召回率曲线，P 表示准确率，R 代表召回率。

具体的实验过程为：首先，在 VGG-16 网络结构预训练模型的基础上分别使用 Faster-RCNN 框架和 SSD 框架在 SAR 图像数据集上进行训练，对比训练的结果。其次，舍弃预训练模型，对比 Faster-RCNN 框架和 SSD 框架在 SAR 图像数据集上进行训练结果。最后，在不使用预训练模型的基础上，研究零均值规整化对于 SAR 图像目标检测结果的影响。

8.8.2　实验结果及分析

1. Faster-RCNN 框架与 SSD 框架的比较

在使用预训练模型的情况下，Faster-RCNN 和 SSD 目标检测框架在 MSTAR 数据库所制作的数据集上训练后的检测结果如表 8-7 所示。

表 8-7　Faster-RCNN 和 SSD 检测精度对比　　　　　　　　（单位：%）

目标种类	Faster-RCNN	SSD
2S1	89.12	88.88
BMP2	85.94	74.14
BRDM2	100.00	90.91
BTR60	90.91	100.00
BTR70	99.65	100.00
D7	99.88	99.94
T62	99.88	99.94
T72	99.96	99.91
ZIL131	99.77	100.00
ZSU23	99.97	99.91
平均准确率	96.51	95.36

实验结果显示，Faster-RCNN 目标检测的精度要高于 SSD。但是 Faster-RCNN 的检测速度为每秒 16 幅，而 SSD 的检测速度为每秒 31 幅，约为 Faster-RCNN 目标检测框架速度的两倍。但两者的检测精度相较于其在光学目标的检测精度都有待提高。检测效果图如图 8-7 所示。

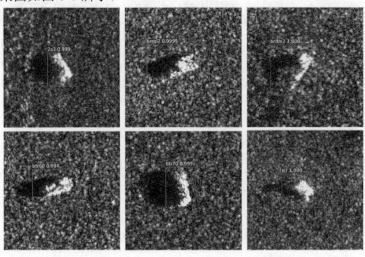

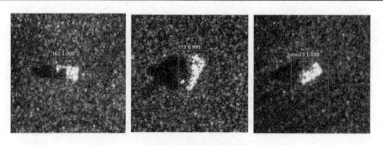

图 8-7　Faster-RCNN 目标检测效果图

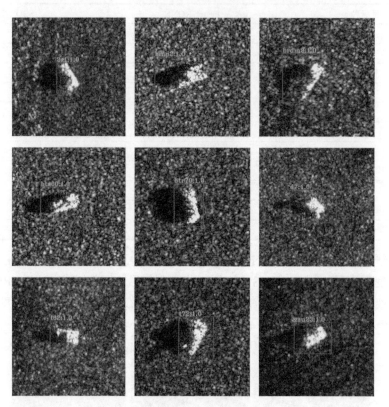

图 8-8　SSD 目标检测效果图

2. 预训练模型对于目标检测框架的影响

在光学图像上训练得到的预训练模型会限制 SAR 图像目标检测的精度。在不使用预训练模型进行框架的训练时，实验结果表明，基于区域建议的 Faster-RCNN 目标检测框架无法收敛，SSD 目标检测框架使用预训练模型前后的检测精度如表 8-8 所示。

实验结果表明，不使用预训练模型时，Faster-RCNN 因为 RoI 池化层阻碍了梯度的反向传播而导致参数无法有效的更新，所以无法收敛。对于 SSD，舍弃预训练模型可以少量提高 SAR 图像目标检测的精度。没有预训练模型的约束，扩展了目标检测框架运用领域的同时，也使得网络结构更具灵活性。

表 8-8　预训练模型对 SSD 检测精度的影响　　　　　　　　（单位：%）

目标种类	使用预训练模型	不使用预训练模型
2S1	88.88	90.57
BMP2	74.14	86.42
BRDM2	90.91	90.91
BTR60	100.00	99.78
BTR70	100.00	99.92
D7	99.94	99.94
T62	99.94	90.69
T72	99.91	99.91
ZIL131	100.00	99.93
ZSU23	99.91	100.00
平均准确率	95.36	95.80

3. 零均值规整化对目标检测框架的影响

在不使用预训练模型的条件下，零均值规整化对于 SAR 图像目标检测精度和速度的影响如表 8-9 和图 8-9 所示。

表 8-9　零均值规整化对于目标检测框架的影响　　　　　　（单位：%）

目标种类	不减均值	减去均值
2S1	90.57	90.46
BMP2	86.42	86.00
BRDM2	90.91	99.75
BTR60	99.78	99.30
BTR70	99.92	100.00
D7	99.94	100.00
T62	90.69	100.00
T72	99.91	99.98
ZIL131	99.93	100.00
ZSU23	100.00	100.00
平均准确率	95.80	97.55

图 8-9 的横坐标是迭代次数，纵坐标为目标检测框架在训练集上的损失函数的值，红色曲线表示的是零均值规整化后的损失曲线，蓝色表示的是没有零均值规整化操作的损失曲线。零均值规整化操作前后，SSD 目标检测框架都能快速收敛，通过将迭代次数 0～300 次的过程放大后可以发现进行零均值规整化操作可以提高收敛速度和检测的精度。

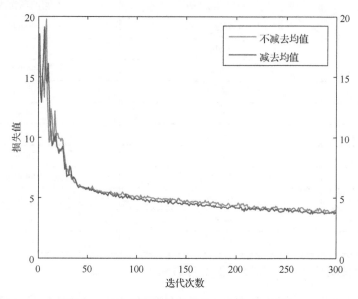

图 8-9　零均值规整化前后的损失值(见彩图)

对 Faster-RCNN 和 SSD 目标检测框架在 SAR 图像目标检测方面的应用进行了实验研究，并通过结合 SAR 图像自身的特点对目标检测框架进行改进研究，进行了相关的对比实验。主要得到以下结论。

(1)SSD 检测速度高于 Faster-RCNN；

(2)不使用预训练模型可以提高 SAR 图像目标检测的精度，使得网络结构可以多样化。但是基于区域建议的 Faster-RCNN 目标检测框架无法收敛；

(3)在不使用预训练的模型情况下，针对 SAR 图像的零均值规整化操作可以提高 SSD 目标框检测架的收敛速度和精度。

4. 多目标检测实验结果

取 4 幅 SAR 图像目标切片拼接成一个包含 4 个目标的 ROI 切片，测试算法对多目标的识别能力，多目标 ROI 切片识别结果如图 8-10 所示。

实验结果表明，基于深度学习的目标检测框架可以对包含多个目标的 ROI 切片进行进一步的目标识别和定位，有效地解决了传统目标识别方法存在的问题。

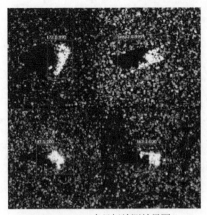 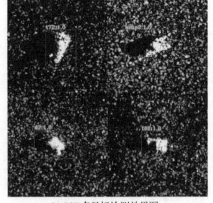

(a) Faster-RCNN多目标检测效果图　　　　　　　　(b) SSD多目标检测效果图

图 8-10　多目标 ROI 切片识别结果

8.9　本 章 小 结

　　本章针对 SAR 图像目标识别技术进行了介绍和研究,对于包含单个目标的 ROI 切片识别,结合 SAR 图像特点设计卷积神经网络模型用于目标识别。通过引入 L2 范数和使用 dropout 优化,有效增强了网络的泛化性能,使得网络模型在识别变体时也有良好的表现;对于包含多个目标的 ROI 切片识别问题,使用基于深度学习的目标检测方法加以解决。本章后半部分研究了预训练模型及零均值规整化对模型检测准确率的影响,实现了 ROI 切片内的多个目标识别。

本 篇 小 结

　　自动目标识别技术对于高效处理信息化战争中的海量动态数据，获取有价值的情报具有重要意义。合成孔径雷达具有分辨率高和穿透能力强的特点，可以全天时、全天候地对地侦察。本篇对合成孔径雷达图像自动目标识别系统的发展历程、关键技术和各阶段待研究的主要内容进行了回顾和详细的分析，提出了相应的解决方法。

　　本篇的主要内容总结如下。

　　(1)为了解决 CFAR 算法在多目标环境下检测性能下降和检测速度慢的问题，提出了基于自适应筛选快速 CFAR 的目标检测方法。研究了双参数 CFAR 算法及其存在的主要问题，自适应筛选算法去除参考窗口内的目标像素，而后通过区域阈值来提升检测算法的速度。

　　(2)为提高 SAR 图像目标鉴别特征的有效性问题，将 Krawtchouk 矩特征用于 SAR 图像的目标鉴别，然后利用基于最大信息数的特征选择方法来降低特征的维数；针对 SAR 图像目标鉴别算法没有考虑非均等代价的问题，设计非均等代价函数来训练多隐层神经网络。

　　(3)针对包含单个目标的 ROI 切片的识别问题，建立了用于 SAR 目标识别的卷积神经网络模型。结合 SAR 图像的特点设计了特征提取部分的卷积神经网络结构，对 Softmax 分类器进行了优化。

　　(4)针对包含多个目标的 ROI 切片的识别问题，将深度学习方法应用于 SAR 图像目标识别。研究了预训练模型对深度学习框架的影响，对 SAR 图像进行零均值规整化来提高目标识别的准确率。

目标跟踪篇

第 9 章　目标跟踪概述

9.1　目标跟踪简介

视觉目标跟踪技术作为计算机视觉技术的重要分支，随着计算机性能的发展和计算性能的大幅提升，以及广泛的任务需求而得到深入研究和广泛应用。视觉目标跟踪技术即首先根据已知目标与背景等初始信息对目标进行建模，然后通过跟踪策略和方法在后续影像中确定目标的图像位置与尺度大小，通过不断确定目标在图像中的位置来完成对目标的持续跟踪。

目前，目标跟踪技术在军事和民用领域已经得到广泛应用，军事上由于信息化战争的发展，现代化战争对信息的获取和处理能力提出新的要求。在侦察任务中，对特定目标进行跟踪侦察是情报获取的重要一环，但对目标的持续跟踪需要人工实时对侦察设备进行操控，对目标进行跟踪来获取目标位置，在战场环境极易受到干扰的情况下易导致目标跟踪失败，另外，战场环境的特定目标信息获取需要大量的人力对信息进行处理，将导致人力资源的耗费。而利用计算机视觉技术对目标进行实时跟踪，不仅降低了人工处理信息的成本，而且在受到电磁干扰等情况下避免了目标的丢失，为战场目标侦察任务的有效开展提供了坚实基础。另外在民用领域，目标跟踪技术也得到了广泛的应用。在智能图像领域，目标跟踪技术可进一步方便人们的日常生活，比如智能行李箱的使用，利用目标跟踪技术可实现行李箱在行人身后自动驱动实时跟踪，节省了旅行中的人力。在电子交通领域，通过对路口交通车辆及行人进行跟踪识别，可对实时交通情况进行判断和调度，能够极大地提高交通管理的效率。

但是，目标跟踪技术在实际的应用中还存在诸多问题，对目标的持续快速跟踪还面临许多挑战。比如，已经得到广泛研究和应用的相关滤波目标跟踪方法，较传统的均值滤波跟踪方法和粒子滤波跟踪方法在跟踪鲁棒性和速度上获得较大提升，但仍然存在边界效应问题、模板更新问题以及跟踪中经常出现的目标遮挡、旋转等因素导致的失跟问题。由于跟踪情况的复杂性，对目标在多种不同跟踪情况下进行高精度、长时间的跟踪仍然是研究的难点问题，因此，对目标跟踪技术进行研究，提高目标跟踪方法的跟踪精度和成功率，解决目标跟踪中的难点因素导致的失跟问题，对目标跟踪技术更为广泛的应用具有重要意义。

综上所述，目标跟踪技术在军民领域均有其重要的应用价值，研究目标跟踪技术对提高信息化战争中信息获取的能力，方便人们的各领域生活意义重大。因此，本篇针对目标跟踪技术进行研究，为进一步提升跟踪方法的鲁棒性，解决目标遮挡等导致的失跟问题，提高相关滤波方法的跟踪速度，完成对目标的长时跟踪，为目标跟踪方法更为精确的信息获取和更为广泛的实际应用奠定基础。

9.2　目标跟踪研究现状

目标跟踪技术在近几年发展迅猛，涌现出诸多优秀跟踪方法。按照目标模板的建立方式不同，可分为生成式跟踪方法和判别式跟踪方法两类。

生成式跟踪方法即在原始影像帧中对目标按制定的方法建立目标模型，然后在跟踪后续处理帧中搜索对比与目标模型相似度最高的区域作为目标区域进行跟踪。该方法主要对目标本身特征进行描述，对目标特征刻画较为细致，但忽略背景信息的影响，在目标发生变化或者遮挡等情况下易导致失跟现象。生成类方法包括均值漂移(mean-shift)和粒子滤波(particle filter)等。

判别式跟踪方法即通过原始影像帧对目标及背景信息进行区分建立判别模型，通过对后续影像帧搜索目标来判别是目标或背景信息，进而完成目标跟踪。判别类方法与生成类方法的根本不同在于判别类方法考虑背景信息与目标信息区分来进行判别模型的建立。由于判别类方法将背景与目标进行区分，因此该类方法在目标跟踪时的表现通常更为鲁棒，目前已经成为目标跟踪的主流跟踪方式。判别类方法包括深度学习(deep learning)方法、相关滤波(correlation filter)方法等。

9.2.1　生成式跟踪方法

1. 均值漂移目标跟踪方法

均值漂移是一种无参概率估计方法，该方法通过迭代沿着概率密度函数的梯度方向，搜索函数局部最大值。Comaniciu[95]等将均值漂移方法应用到目标跟踪领域，利用图像特征构造概率密度函数，由梯度方向搜索局部最大值作为目标位置，取得了很好的跟踪效果。

王永忠[96]等提出基于局部背景动态修正模糊颜色直方图跟踪方法，通过核密度估计在颜色空间域构建目标的模糊颜色直方图模型，利用目标的局部背景来动态修正目标模型，克服了传统颜色统计直方图对光照敏感的缺点。Birchfield[97]等提出基于背景加权直方图特征的均值漂移跟踪方法，为降低背景信息模型概率，加强目标与背景区分度，同时对目标模型和候选模型进行背景直方图加权运算，但效果提升不明显。Ning[98]等提出校正的背景加权直方图跟踪方法，仅对目标模型进行背景加权直方图运算，降低背景信息模型概率，有效抑制背景干扰，提高了跟踪的鲁棒性。

　　基于多特征融合方法往往较单一特征对目标具有更好的表征能力，因此采用特征融合方法可有效提高目标跟踪的鲁棒性[99]。贾松敏[100]等采用目标颜色特征与纹理特征建立目标直方图作为目标特征表征，Babaeian[101]等融合目标颜色特征、边缘特征以及纹理特征，分别采用均值漂移然后线性加权作为目标特征。Yang[102]等通过 Fisher 准则判断目标特征与背景区分度来分配不同权值给灰度特征、LBP 纹理特征和相位特征。Collins[103]等通过构造目标特征池，根据目标与背景的统计直方图比率生成目标特征权重图，然后选择目标与背景区分度最高的特征进行加权融合作为目标特征，戴渊明[104]等融合目标纹理特征与颜色特征，提出特征联合相似度的概念，通过均值漂移方法联合相似度的最大化计算确定目标位置。

　　标准均值漂移目标跟踪方法的核函数大小固定，不能适应目标尺度变化。针对无法对目标尺度进行估计的问题，刘兴淼[105]等提出一种基于背景和前景目标相似度的核窗宽选取方法，通过构造多尺度空间，获得目标多尺度池特征，根据目标与背景相似度，自动选取窗口缩放比例，得到与目标尺度一致的跟踪窗口。Vojir[106]等对尺度空间构造方式进行改进，不同于对目标整体进行尺度估计，在计算概率密度模型时考虑目标区域的椭圆形特征，在目标尺度长短轴方向进行尺度估计，改善了跟踪中目标尺度变化的精确度。王年[107]等首先在视频当前帧目标的最优位置由目标颜色特征概率投影生成目标概率密度图，然后根据概率密度零阶矩值估计下一帧跟踪窗口尺度。董文会[108]等通过计算 SIFT 特征点的尺度变化自适应地改变跟踪窗口尺度。李琦[109]等利用计算得到的目标凸包拟合椭圆并结合卡尔曼滤波模型得到目标大小和方向的最优估计。

　　均值漂移目标跟踪方法首先构建目标概率密度模型，然后通过相似性度量，逐渐搜索目标区域，因此对于目标被部分或全部遮挡、目标出视野等情况跟踪效果不好。针对目标被遮挡问题，Jeyakar[110]等通过将目标进行分块处理，对每一个分块分别建立目标块模型，将目标跟踪中跟踪效果最好的目标块组合作为跟踪结果。Hwang[111]等将目标与候选区域水平方向和垂直方向进行分块，在跟踪过程中将跟踪目标分割成多个互不遮挡的矩形分块，对每一个矩形分块独立采用基于背景权重的均值漂移，并结合每一个分块求得的最佳目标位置。张亚军[112]等采用垂直投影法将目标分成若干子块，选择目标区域内的多个不同位置构建多个核函数加权直方图，利用分量的反投影运算区分目标发生形变或遮挡，并对目标模板和子块权重进行实时更新。

　　由于均值漂移目标跟踪方法在跟踪过程中通过概率密度函数梯度方向向候选区域逐渐移动到目标位置的一种局部最优方法，当目标移动过快，概率密度函数梯度方向不明显时，将会导致跟踪失败。Li[113]等通过构建目标金字塔图像池，利用均值漂移不同感受野，由粗到细逐步搜索目标最终位置。Li[114]等通过背景信息感知方法构建稳定的目标概率模型，然后通过更大的目标搜索区域来确定快速移动目标位置。

　　针对目标变化对模型进行更新有利于提高目标跟踪的精度和鲁棒性。Nguyen[115]等提出利用卡尔曼滤波对目标模板像素进行滤波的模板更新方法，利用滤波平滑来使模板适应目标变化。Peng[116]等提出利用卡尔曼滤波对目标核函数直方图进行最优估计，然后通过与观测模型 Bhattacharyya 系数防止过更新方法达到对目标外观变化的适应。Jang[117]等通过候选模型反向投影生成概率图，然后抑制背景信息来获得校正目标候选模型，最后通过将目标模型和校正目标候选模型的加权平均来更新目标模型。

　　2. 粒子滤波目标跟踪方法

　　粒子滤波是一种非参数化滤波方法，基于蒙特卡罗方法将贝叶斯滤波方法中的积分运算转化为粒子采样求样本均值问题，通过对状态空间的粒子的随机采样来近似求解后验概率，对于解决非线性滤波问题具有重要意义。Nummiaro[118]等首次将粒子滤波运用到目标跟踪领域，取得了很好的效果。粒子滤波目标跟踪是通过目标特征设置粒子分布，通过迭代求解粒子状态均值近似求解后验概率，获取系统状态的最小方差概率估计的跟踪方法。

　　由于粒子采样时，将重要性函数作为后验概率分布函数的近似，理想状态下，重要性函数与后验概率函数相同，但真实情况下，重要性函数与后验概率函数有很大偏差，再加上采样中的测量值也因噪声影响，采样值与真实值差异较大，所以，重要性权重的方差随着递推过程的进行而增加，从而使得粒子的权重集中在少数粒子上，而其余粒子由于权重很小，对于后验概率的估计作用很小，其大量存在导致概率估计不准确，而且造成计算量极大的浪费，即粒子滤波的粒子退化问题。由于标准粒子滤波采用基于蒙特卡罗方法的后验概率估计，所以粒子退化成为粒子滤波最为主要的缺陷。

　　针对粒子退化问题最有效也是最主要的解决方案是重要性密度函数的选择和粒子重采样。其中，粒子重采样由于其方法简单、较易实现而得到广泛应用。粒子重采样是抑制粒子退化的有效手段。重采样方法通过增加高权重粒子数，减少低权重粒子数达到增加有效粒子同时克服粒子退化的目的。但由于仅仅以权重作为评价标准，不断增加高权重粒子，减少低权重会导致粒子多样性降低。因此对重采样方法进行改进，在抑制粒子退化的同时增加粒子多样性是重要的研究思路。Havangi[119]等采用重采样移动方法，在重采样之后进行 MCMC（Markov Chain Monte Carlo）移动处理，使得粒子分布与状态概率密度函数更加接近，从而使样本分布更加合理。但所需概率转移次数大，收敛性判断困难。刘敏[120]等采用正则粒子滤波，利用核密度函数和核带宽系数从连续的后验概率密度进行重采样，可以较好地克服粒子退化问题，改善粒子退化对目标跟踪效果的影响。但对于核函数非高斯情况处理达不到最优，这是一种次优滤波。邹卫军[121]等采用辅助粒子滤波方法，通过对粒子集中的粒子权重根据似然值进行修正，让重采样粒子向着似然函数的峰值方向移动。辅助粒子滤波对粒子权值进行两次计算，增加了重采样粒子权值的稳定性，采样之后的权值方差更小，有效抑制粒子退化效应，但同时计算量会增大。

对于标准粒子滤波，由于采用重要性密度函数作为先验概率密度，没有将目标状态测量值考虑在内，所以目标状态对模型的依赖程度高，在噪声等影响下会导致采样值与真实值相差较大，后验概率估计不准确。因此选用较好的重要性密度函数，对提高方法概率估计精度、抑制粒子退化具有重要意义。

王敏[122]等采用无味粒子滤波（Unscented Particle Filter，UPF）方法，利用无味卡尔曼滤波（Unscented Kalman Filter，UKF）对非线性问题的处理能力，来生成粒子滤波的建议分布，改善滤波效果。王华剑[123]等采用扩展卡尔曼粒子滤波（Extended Kalman Particle Filter，EKPF）方法通过对非线性系统的一阶泰勒近似，将量测方程和非线性系统方程近似线性化，然后用卡尔曼滤波进行状态估计。扩展卡尔曼粒子滤波考虑最新的量测值，通过高斯近似更新后验分布来实现递推估计。Yang[124]等采用交互式多模型粒子滤波（Interacting Multiple Models Particle Filter，IMMPF）方法，针对运动目标多种运动模式设计多个匹配模型，对于各个模型按照先验概率密度抽取粒子，然后经过输入交互、粒子滤波后进行重采样，再进行输出交互完成目标状态估计。交互式多模型粒子滤波结合多模型估计方法与粒子滤波方法，对目标状态估计更为准确。

粒子滤波中粒子数是影响跟踪精度的重要因素，理论上粒子数越多对目标状态的估计越准确，但同时带来跟踪速度下降问题。为保证跟踪精度、提高速度，根据目标跟踪状态自适应选择粒子数是一个有效策略。Hassan[125]等提出自适应粒子滤波，跟踪过程中根据主动轮廓半径模型确定粒子传播半径，保证有用粒子数量尽量降低总粒子数。王书朋[126]等通过观测残差估计粒子的提议分布自适应确定粒子数。徐建军[127]等自适应地通过 Fisher 判别准则，从 16 个不同的颜色特征空间中选择最能区分目标及其邻近背景的 1 个最佳特征空间，然后在这个最佳特征空间中用基于统计直方图的粒子滤波方法跟踪目标。裴福俊[128]等基于 KL 距离采样的自适应粒子滤波，通过 KL 距离确定后验概率密度与估计值的误差最小时所需粒子数，在保证粒子滤波性能的同时尽量减小粒子数目从而提高跟踪速度。

孟军英[129]等采用边缘化粒子滤波方法对粒子滤波计算量进行简化，从而达到提高目标跟踪速度的目的。将非线性系统的状态空间模型动态分解为非线性部分与线性部分，对线性部分采用卡尔曼滤波器进行处理，对非线性部分采用粒子滤波进行处理，有效地克服了粒子退化问题，而且降低了计算量。

目标特征是影响目标跟踪效果的一个重要因素，因此选择目标特征完备、与背景区分度较好的目标特征将极大提升粒子滤波目标跟踪鲁棒性。由于环境的复杂性，前景背景在目标跟踪过程中往往其定位并不一定，在不同的任务中，目标与背景可能发生转换，所以单一特征往往无法满足应用场景中对复杂环境的需求，而结合不同特征对目标特征的不同表征使得目标与背景的区分度增加。Wu[130]等采用颜色特征与 SIFT（Scale Invariant Feature Transform）特征融合方法，通过颜色特征计算粒子权重，然后通过 SIFT 特征匹配情况来更新权值，取得较好的跟踪效果。Wu[131]等融合显著性特征与颜色特征，通过二阶自回归模型预测目标状态获得显著性图像，提取显著特征与颜色特征的融合特征。王鑫[132]等针对红外目标跟踪问题提出灰度特征与分形特征融合的联合观测模型。多种特征表示是为了弥补单一特征在一些情况下对目标表征的不足。但直接将多种特征进行融合，在一些情况下部分特征表现较好，而部分特征表现较差，对特征进行筛选，将表现好的特征应用到目标跟踪中将取得更好的效果。李蔚[133]等通过融合目标梯度特征和灰度特征获得红外目标融合特征，然后根据目标跟踪置信度自适应分配权值。Liu[134]等融合颜色、LBP 纹理、形状特征，通过对数似然比方差选择特征表征较好的特征作为目标跟踪特征。

9.2.2　判别式跟踪方法

1. 深度学习目标跟踪方法

深度学习方法在目标识别领域的应用越来越广泛，将深度学习网络框架应用到目标跟踪中，结合神经网络框架的优势，对目标跟踪将是极大的提升。Wang[135]等首次将深度学习框架运用到目标跟踪领域中，通过构建栈式降噪自编码器（Stacked Denoising Auto Encoder，SDAE）训练获得目标特征通用提取框架，目标跟踪时通过目标图像对网络进行微调，然后分类得到目标位置完成跟踪过程。首次提出线下网络训练、线上微调的跟踪策略，减少了网络框架对目标样本数的需求，提高了跟踪性能。

CNN 网络在目标分类中的性能在近些年取得极大的提升，将 CNN 网络运用到目标跟踪中，是对目标识别优秀框架的拓展与应用。但目标跟踪不同于目标检测和识别，目标跟踪中目标样本数较少，训练样本不足，而且跟踪中不需要精细分类模块，因此常采用训练通用目标特征提取框架方式进行目标跟踪。Wang[136]等首次将 CNN 网络框架应用到目标跟踪中，通过缩小输入图像尺寸，精简网络结构来加快跟踪速度。首先通过大型数据集训练 CNN 网络框架，然后提取目标不同尺度图像输入网络，输出目标位置概率图，最终确定目标位置，同样采用预训练与在线微调方法相结合的方式。

针对目标跟踪任务与目标识别任务的不同特点，对 CNN 网络进行简化，学习目标的通用特征能极大提高目标跟踪速度。Nam[137]等提出一种新的跟踪神经网络框架 MDNET（Multi-Domain Convolutional Neural Network），通过卷积层与全连接层连接方式，精简卷积层来降低网络参数。训练过程通过在已知数据集上对不同目标设计不同全连接层，训练得到普适的卷积层用于目标特征提取，然后在跟踪阶段设计新的全连接层，通过初始帧及在线方式更新，输出目标位置。Nam[138]等通过构建 CNN 模型树，训练不同全连接层 CNN 模型树，判断候选框与目标的相关性，对不同 CNN 框架赋予不同置信度权值，自适应选择跟踪精度较好的目标特征，增加了目标跟踪的可靠性。

通过线下预训练网络模型、线上微调的方式进行目标跟踪，结合了目标本身的特性，可针对特定目标进行网络调整，但由于在跟踪过程中不断进行网络微调，所以跟踪速度受到限制。Held[139]等通过构建新的 CNN 跟踪框架，首先利用卷积层提取目标与候选目标特征，然后在全连接层用基于回归的方法代替分类器，确定目标位置。该方法直接通过大量离线带标签的视频和图像训练网络模型，同时跟踪过程中固定网络权值，避免在线更新耗时。

Wang[140]等提出全卷积目标跟踪框架，利用 CNN 提取到的特征在不同层次对目标定位的作用不同，分别选择高层卷积层用于区分类别间目标，同时对于变形和遮挡鲁棒性较强，底层卷积层用于区分干扰目标。首先通过 CNN 卷积层，在底层和高层根据目标回归模型筛选相关度强的图谱，然后将底层和高层图谱分别送入两个卷积层用来判断类间和类内目标类别，生成热度图谱，最后结合热度图谱确定目标位置。为避免噪声影响，固定高层卷积层图谱，在线微调底层卷积层图谱。由于模型复杂、参数较多，跟踪速度比较慢。

Bertinetto[141]等提出一种全卷积孪生网络结构，通过一对在大型数据集上离线训练的通用孪生网络框架提取目标模板与候选区域特征，然后将目标模板与候选区域进行卷积操作，得到目标响应图，响应最大候选区域位置即为目标位置。该方法模型构建简单，跟踪速度快而且跟踪精度高。

Valmadre[142]等在此基础上，在模板网络层卷积层与 Crop 层之间加入相关滤波器，通过推导相关滤波可微闭合解，将其等价为 CNN 网络层，将全卷积网络与相关滤波方法结合起来，提出一种端到端相关滤波训练跟踪方法。通过相关滤波岭回归方式生成滤波器模板，由于其在频域中计算，并且通过简化卷积层降低网络参数，实现了较高的跟踪精度和速度。

Wang[143]等提出相关滤波网络，用 CNN 网络提取目标与候选目标特征，然后通过相关滤波方法，在频域中进行计算完成目标跟踪，速度更快，特征分辨力更高。但网络受到边界效应的影响，检测区域有限。

随着神经网络的不断深入研究，目标跟踪的效果也得到极大的提升。但目前基于神经网络的跟踪方法普遍实时性较差，而且需要大量训练数据作为支撑，限制了其在目标跟踪中的应用。因此对其进行相关改进是以后研究的重要方向。

2. 相关滤波目标跟踪方法

相关滤波目标跟踪方法通过最小化特征响应与目标响应风险最小化来构造相关滤波器，搜索最大响应候选区域，该区域与目标相关性最大，作为下一帧的目标进行跟踪。Bolme[144]等将相关滤波器应用到目标跟踪领域，提出基于最小化均方误差 (Minimum Output Sum of Squared Error，MOSSE) 的相关滤波目标跟踪方法，通过滤波器模板与目标的相关性来训练模板和确定目标位置，由于将时域的卷积操作转换到频域的相乘运算，相关滤波目标跟踪具有超高的跟踪速度，同时具有较高的跟踪鲁棒性，近几年持续成为研究的热点，国内外学者对此进行了深入的研究。

Henriques[145]等通过循环矩阵性质将滤波器训练过程的采样过程等价于循环卷积操作，来完成目标样本的密集采样操作，进一步提高了滤波器训练的鲁棒性和跟踪速度。Danelljan[146]等提出颜色空间特征，将三通道颜色特征映射为 11 维颜色空间特征，利用不同颜色空间特征的判别力，使得特征在彩色图像跟踪中的鲁棒性更强。Bertinetto[147]等通过融合梯度直方图特征和颜色特征，结合颜色直方图特征对目标形变的鲁棒性来增强特征判别力，解决目标形变导致的失跟。郭文[148]等利用多特征对时空上下文进行多方面提取，构建符合时空上下文信息，提升目标的表观有效性，然后引入检测方法解决目标失跟问题。目标跟踪中物体的尺度变化是影响跟踪精度和成功率的重要因素，Li[149]等采用多尺度特征池方法来估计目标尺度变化，但尺度池的设置受到跟踪速度的限制，过多的尺度池会严重影响到目标跟踪的实时性。Danelljan[150]等提出目标跟踪中相邻帧间的位置变化较尺度变化更为明显，在利用相关滤波对目标位置进行估计后，增加一维尺度相关滤波器来估计目标尺度变化，该方法可设置较多尺度池对目标尺度进行精准估计。

由于相关滤波器训练过程中目标特征的循环卷积性质，引起边界的不连续性导致产生无效训练样本带来的边界效应，严重影响滤波器训练的鲁棒性，同时限制了目标搜索的范围。Mueller[151]等在滤波器训练过程中通过引入周围背景信息的感知，来获得鲁棒性更强的滤波器，更好地应对目标遮挡、旋转等情况，该方法可闭环求解滤波器，因此对速度的影响较小。Danelljan[152]等针对边界效应问题，通过在滤波器的训练过程中对滤波器的正则化来限制边界的影响，该方法可采用较大范围的搜索区域，并且进一步提高了滤波器训练的鲁棒性，但同时破坏了滤波器模板训练的封闭解，导致跟踪速度降低明显。为解决速度问题，Danelljan[153]等通过对目标特征进行降维，对训练样本建立紧凑型样本集，并采用稀疏模板更新策略来提高跟踪鲁棒性，大大加快了跟踪速度。

随着卷积神经网络的不断发展，将相关滤波与神经网络进行有机结合成为新的研究方向，并取得了很好的效果。研究发现，浅层的卷积特征含有较多的细节信息可完成目标的精确定位，而深层的卷积特征含有较多的语义特征对目标遮挡、旋转等情况具有良好的鲁棒性。Ma[154]等利用神经网络特点，提出由粗到精的目标跟踪方法，首先由深层卷积特征语义信息确定目标区域，实现遮挡与旋转的鲁棒性，然后利用浅层卷积特征对目标进行精确定位。Danelljan[155]等在滤波器正则化的基础上结合卷积特征，进一步提高了跟踪的鲁棒性。针对不同卷积层分辨率不同的问题，随后提出连续域卷积滤波器目标跟踪方法[156]，用内插值法将多个分辨率的卷积特征映射到连续域上，融合不同分辨率的目标特征。虽然卷积特征在目标跟踪中取得成功，但特征提取耗时较长，深度特征维数较高，导致不能够满足目标跟踪的实时性要求。

　　针对目标跟踪问题，研究人员已经提出诸多优秀跟踪方法，基于相关滤波的目标跟踪方法由于其高速跟踪性能和较强的跟踪鲁棒性，近几年成为研究和应用的主流跟踪方法。本篇对相关滤波目标跟踪方法进行研究，针对模板线性更新、目标特征提取和目标失跟等问题，为满足目标跟踪的实时性要求，提出时空感知相关滤波长时目标跟踪方法。

9.3　本篇主要研究内容

　　基于相关滤波的目标跟踪方法中，滤波器模板的线性更新方式是为满足目标跟踪速度采用的近似更新，在长时间目标跟踪中容易发生模型漂移，另外固定更新率不能够适应多种不同跟踪情况，导致其广适性不强。针对模板更新问题，本篇在背景感知相关滤波的基础上提出时空感知相关滤波，通过时间正则化项来根据历史模板信息自适应更新目标模板，增强滤波器模板时序感知力，避免了模板更新率选择问题，提高了目标跟踪的鲁棒性。

　　针对单一方向梯度直方图(Histogram of Oriented Gradient，HOG)特征在复杂情况下的特征判别力不足的问题，利用不同分层 HOG 特征具有的不同信息层次，结合颜色空间特征(Color Name，CN)，在跟踪过程中根据跟踪置信度选择鲁棒性更强的特征来对目标进行跟踪，提高目标复杂情况下的跟踪精度和鲁棒性。最后结合深度特征研究其对目标跟踪的效果提升，通过实验验证了自适应特征选择的有效性。

　　针对目标跟踪中由于目标遮挡、出视野等导致的目标失跟问题，为提高结合支持向量机在目标跟踪中的速度，增强目标重检测判别的广适性，通过跟踪数据集自身当前和历史置信度来对重检测条件进行判断，在目标失跟时首先通过提取候选区域来快速确定可能的目标位置，然后利用结构化支持向量机来重新确定目标位置，提高在目标失跟情况发生时的跟踪成功率。

　　最后针对上述问题，为提高目标跟踪的鲁棒性，解决目标失跟后的跟踪问题，进一步提升跟踪的速度，提出时空感知相关滤波长时目标跟踪方法，以时空感知相关滤波为框架，结合自适应特征选择方法和自适应目标重检测策略，在目标尺度估计上采用额外的一维尺度滤波器来对目标进行尺度估计提升跟踪速度。实验表明，该方法提高了目标跟踪的鲁棒性，一定程度上解决了目标失跟问题，满足跟踪的实时性要求，结合实际应用场景验证了本篇所提方法具有一定的实际应用价值。

本篇共分 4 章，主要内容及章节安排如下。

第 9 章首先介绍了目标跟踪研究的背景和意义。然后按照模型建立方式的不同，将跟踪方法分为判别式跟踪方法和生成式跟踪方法，对四种应用最为广泛的跟踪方法的国内外研究现状进行了详细分析。最后，对本篇的主要工作和结构进行了简单的介绍。

第 10 章对相关滤波目标跟踪方法的基础理论进行介绍，重点对针对边界效应解决方法、背景感知相关滤波目标跟踪方法进行详细介绍，并提出进一步改进的策略。对实验中采用的数据集和性能评价指标进行介绍，来对跟踪性能进行客观全面的评价。

第 11 章针对相关滤波目标跟踪中存在的模板线性更新问题，在背景感知相关滤波目标跟踪方法的基础上提出时空感知相关滤波方法，通过时间正则化项来自适应根据跟踪情况和历史帧目标模板信息更新目标模板，避免了目标模板线性更新导致的模型漂移问题，提高了相关滤波目标跟踪在多种情况下的跟踪鲁棒性。针对目标单一 HOG 特征在复杂情况下的跟踪鲁棒性不够、特征判别力不强的问题，通过结合分层 HOG 特征和 CN 特征，在跟踪过程中对目标跟踪置信度进行判断，来自适应选择鲁棒性强的特征对目标进行跟踪。通过对深度特征进行研究，结合深度特征进一步提高目标跟踪的精度，实验验证该方法的有效性。

第 12 章针对目标长时跟踪问题，为提高目标跟踪的精度和成功率，加快跟踪的速度，提出时空感知相关滤波长时目标跟踪方法，采用时空感知相关滤波方法，结合自适应特征选择和目标重检测策略，来解决目标失跟后的跟踪问题，提高跟踪的鲁棒性，采用额外的一维尺度相关滤波器来对目标尺度进行估计，加快跟踪的速度。针对长时目标跟踪中由目标遮挡和出视野等造成的目标失跟现象，为解决传统支持向量机在目标跟踪中速度慢、精度不够的问题，提出结合候选区域提取和结构化支持向量机的重检测方法，通过跟踪数据自身的当前和历史信息自适应对目标重检测进行判断，在目标失跟后通过候选区域快速提取出可能的目标区域，然后通过结构化支持向量机来重新确定目标位置，通过在标准数据集和实际应用场景的实验表明，该方法具有较强的综合性能和实际应用价值。

第10章　相关滤波目标跟踪基础理论

10.1　引　　言

相关滤波目标跟踪的基本思想是通过目标与模板的相关性来确定目标位置，互相关理论是目标相似性的一种度量。在视频跟踪不同视频帧中，同一目标的互相关度应该为最大，由于目标在跟踪中的外观与位置变化应具有一定的连续性，所以可利用目标信息进行建模，通过目标与模板的互相关程度在后续视频帧中确定目标位置，通常采用局部搜索方法来提高跟踪速度。

10.2　背景感知相关滤波目标跟踪方法

10.2.1　标准相关滤波目标跟踪方法

相关滤波目标跟踪方法是一种基于目标模板类的跟踪方法，其目标是在跟踪首帧利用初始信息来训练一个滤波器，在后续跟踪过程中利用训练的滤波器模板在一定搜索区域范围内，搜索目标在后续帧中的目标位置。通过卷积特性和快速傅里叶性质变换到频率域进行计算，来达到快速滤波器训练和跟踪的目的。在相关滤波目标跟踪过程中，首先根据初始视频帧中的目标特征来训练滤波器模板，通常采用 HOG 多维度特征，因此训练滤波器模板可表示为 $x = x_l, l \in \{1, \cdots, d\}$，$d$ 为提取的特征维数，通过构造目标特征响应与高斯响应最小化误差来训练滤波器模板，即

$$\min_{\mathbf{w}} \left\| \sum_{l=1}^{d} \mathbf{w}_l^{\mathrm{H}} * \mathbf{x}_l - \mathbf{y} \right\|_2^2 + \lambda \sum_{l=1}^{d} \left\| \mathbf{w}_l \right\|_2^2 \tag{10-1}$$

式中，H 表示矩阵的复共轭转置，* 表示卷积操作，$\mathbf{y}$ 为高斯形式目标响应值，λ 是正则化因子，用于调整滤波器的权重。利用 Parseval 公式定理可将特征与滤波器的卷积操作转换到频率域的点乘操作来达到快速计算的目的，即

$$\min_{\mathbf{W}^{\mathrm{H}}} \left\| \sum_{l=1}^{d} \hat{\mathbf{X}}_l^{\mathrm{H}} \odot \hat{\mathbf{W}}_l - \hat{\mathbf{Y}} \right\|_2^2 + \lambda \sum_{l=1}^{d} \left\| \hat{\mathbf{W}}_l \right\|_2^2 \tag{10-2}$$

式中，$\odot$ 表示对应元素相乘，$\hat{\cdot} = F(\cdot)$ 表示离散傅里叶变换的结果，$\mathbf{F}$ 为傅里叶矩阵，

用于将任意矩阵转换到频域内。上式有封闭解，可直接计算滤波器模板用于目标跟踪，因此可达到快速跟踪的目的。

　　但该方法存在的不足之处在于，在滤波器模板训练过程中，采用循环卷积方式来产生大量的训练样本，虽然这种方式可产生大量的样本进行训练，但是经同一样本循环位移产生，会降低样本的多样性，导致滤波器模板的过拟合，同时如图 10-1 所示，由于样本的循环移位，在边界部分的移位产生不连续的训练样本，将严重影响滤波器模板的鲁棒性，出现边界效应问题。通常采用特征加窗方式，来限制目标特征边界，增加训练样本的有效样本数。但加窗会增加额外的计算复杂度，最重要的是，滤波器训练对加窗的值要求较高，过大或过小的窗口均会影响滤波器训练的鲁棒性，因此如何有效解决滤波器训练过程中的边界效应问题将对提高目标跟踪的鲁棒性具有重要意义。

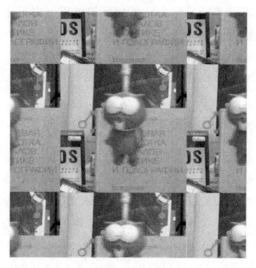

图 10-1　边界效应

10.2.2　背景感知相关滤波器

　　针对边界效应问题，Galoogahi[157]等提出背景感知相关滤波目标跟踪方法，通过在滤波器训练过程中加入裁切矩阵，如图 10-2 所示，来对训练样本进行裁剪，获得多个完整有效的训练样本，增加了训练样本的多样性，同时该方法可增加目标的搜索区域，进一步增加训练样本的数量，降低了边界效应的影响，可获得更为鲁棒的滤波器模板。

　　背景感知相关滤波目标跟踪方法在滤波器训练过程中，通过构造最小化目标特征响应与高斯响应风险来训练滤波器模板，即

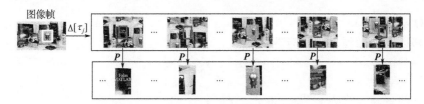

图 10-2　背景感知相关滤波目标跟踪流程图

$$\arg\min_{\boldsymbol{h}} \sum_{k=1}^{K} \left\| \boldsymbol{y}_k - \sum_{d=1}^{D} \boldsymbol{h}_d^{\mathrm{H}} \boldsymbol{P} \boldsymbol{x}_k^d[\varDelta_k] \right\|_2^2 + \frac{\lambda}{2} \sum_{d=1}^{D} \| \boldsymbol{h}_d \|_2^2 \tag{10-3}$$

式中，$\boldsymbol{y} \in \mathbb{R}^L$ 表示高斯形式的目标响应，数值由 1 向边缘减小到 0，表示样本空间权重，相距越远为样本的概率越小，因此设置权值越小。$[\varDelta_k]$ 为循环移位操作，通过对特征 $\boldsymbol{x}_k^d \in \mathbb{R}^T$ 进行移位操作来实现训练样本的采样过程，$\boldsymbol{P} \in \mathbb{R}^{L \times T}$ 为裁切矩阵，通过裁切矩阵裁剪出多个包含 $L(L \ll T)$ 个元素的完整训练样本。T 为 $\boldsymbol{x}_k^d$ 所包含的元素个数。

滤波器训练过程中将上式转换到频域内以达到快速训练的目的，即

$$\arg\min_{\hat{\boldsymbol{g}},\boldsymbol{h}} \frac{1}{2} \left\| \hat{\boldsymbol{y}} - \hat{\boldsymbol{X}}^{\mathrm{H}} \hat{\boldsymbol{g}} \right\|_2^2 + \frac{\lambda}{2} \| \boldsymbol{h} \|_2^2$$

$$\text{s.t.} \quad \hat{\boldsymbol{g}} = \sqrt{T}(\boldsymbol{F}\boldsymbol{P}^{\mathrm{H}} \otimes \boldsymbol{I}_D)\boldsymbol{h} \tag{10-4}$$

式中，$\hat{\boldsymbol{g}}$ 为辅助变量，定义特征 $\hat{\boldsymbol{X}}$ 为 $\hat{\boldsymbol{X}} = [\mathrm{diag}(\boldsymbol{x}_1)^{\mathrm{H}}, \cdots, \mathrm{diag}(\boldsymbol{x}_D)^{\mathrm{H}}] \in \mathbb{R}^{T \times DT}$，定义 $\boldsymbol{h}$ 为 $\boldsymbol{h} = [\boldsymbol{h}_1^{\mathrm{H}}, \cdots, \boldsymbol{h}_D^{\mathrm{H}}] \in \mathbb{R}^{DL \times 1}$，定义 $\hat{\boldsymbol{g}}$ 为 $\hat{\boldsymbol{g}} = [\hat{\boldsymbol{g}}_1^{\mathrm{H}}, \cdots, \hat{\boldsymbol{g}}_D^{\mathrm{H}}] \in \mathbb{R}^{DT \times 1}$，通过联结多通道元素来表示提取的多通道特征，$\otimes$ 为 Kronecker 操作。

由于上式的非线性关系，无法直接求其封闭解，通过构造增广拉格朗日方程方式来优化求解，可得如下方程解

$$\boldsymbol{h} = \left(\frac{\lambda + T\gamma}{\sqrt{T}} \right)^{-1} (\gamma \boldsymbol{g} + \boldsymbol{\zeta}) \tag{10-5}$$

式中，$\boldsymbol{g} = \frac{1}{\sqrt{T}}(\boldsymbol{P}\boldsymbol{F}^{\mathrm{H}} \otimes \boldsymbol{I}_D)\hat{\boldsymbol{g}}$，$\boldsymbol{\zeta} = \frac{1}{\sqrt{T}}(\boldsymbol{P}\boldsymbol{F}^{\mathrm{H}} \otimes \boldsymbol{I}_D)\hat{\boldsymbol{\zeta}}$。

$$\hat{\boldsymbol{g}}(t) = \frac{1}{T \cdot \gamma}(\hat{\boldsymbol{y}}(t)\hat{\boldsymbol{x}}(t) - T\hat{\boldsymbol{\zeta}}(t) + T\gamma\hat{\boldsymbol{h}}(t))$$

$$- \frac{\hat{\boldsymbol{x}}(t)}{T \cdot \gamma B}(\hat{\boldsymbol{y}}(t)\hat{\boldsymbol{s}}_x(t) - T\hat{\boldsymbol{s}}_{\zeta}(t) + T\gamma\hat{\boldsymbol{s}}_h(t)) \tag{10-6}$$

式中，$\hat{\boldsymbol{s}}_x(t) = \hat{\boldsymbol{x}}(t)^{\mathrm{H}}\hat{\boldsymbol{x}}(t)$，$\hat{\boldsymbol{s}}_{\zeta}(t) = \hat{\boldsymbol{x}}(t)^{\mathrm{H}}\hat{\boldsymbol{\zeta}}(t)$，$\hat{\boldsymbol{s}}_h(t) = \hat{\boldsymbol{x}}(t)^{\mathrm{H}}\hat{\boldsymbol{h}}(t)$，$\hat{\boldsymbol{s}}_g(t) = \hat{\boldsymbol{x}}(t)^{\mathrm{H}}\hat{\boldsymbol{g}}^{f-1}(t)$，

$B = \hat{s}_x(t) + T(\gamma + \mu)$。

拉格朗日系数通过如下方式更新

$$\hat{\zeta}^{f+1} = \hat{\zeta}^f + \gamma(\hat{g}^{f+1} - \hat{h}^{f+1}) \tag{10-7}$$

式中，γ 的更新方式为 $\gamma^{f+1} = \min(\gamma_{\max}, \beta\gamma^f)$。

为了使滤波器模板在目标跟踪中满足目标的变化，同时降低计算量，目标模板采用如下方式更新

$$\hat{x}^f_{\mathrm{model}} = (1-\eta) \cdot \hat{x}^{f-1}_{\mathrm{model}} + \eta \cdot \hat{x}^f \tag{10-8}$$

式中，$\hat{x}^f_{\mathrm{model}}$ 和 $\hat{x}^{f-1}_{\mathrm{model}}$ 分别为当前帧与前一帧目标特征模板，$\hat{x}^f$ 为当前提取的目标特征，η 为目标模板更新率。

在已知视频帧中，利用目标信息训练得到滤波器模板，后续视频帧中通过在一定范围的搜索区域，搜索目标响应最大处即为目标位置，目标响应如下

$$r = \mathscr{F}^{-1}(\hat{g}^{\mathrm{H}} \hat{X}) \tag{10-9}$$

目标响应最大值处即为目标新一帧的目标位置。由于采用裁切矩阵方式获得大量的完整训练样本，大幅提高训练滤波器模板的鲁棒性，同时降低了样本循环移位带来的边界效应的影响，增强对背景的感知，同时较大的搜索区域可以提高对目标快速移动等情况的跟踪成功率。

10.2.3　尺度估计

目标跟踪过程中对目标尺度的精准估计对于提高跟踪精度和成功率作用显著，当目标尺度较原始目标变化较大时，目标特征与滤波器模板容易发生较大误差，导致跟踪失败。尺度池方法是一种有效目标尺度估计方法，设目标初始尺度大小为 $S_z = (W, H)$，W 是图像中目标的宽，H 是图像中目标的高，则训练完成滤波器模板后，在新的一帧图像中，通过构造目标尺度池，即

$$S_z^s = S_z \cdot [a^m]$$

$$m = \left[-\frac{N-1}{2}, -\frac{N-3}{2}, \cdots, \frac{N-1}{2} \right] \tag{10-10}$$

式中，$N = 1, \cdots, 7$ 是尺度池设置数目，$a = 1.01$ 表示尺度步长。

如图 10-3 所示，BACF (Background Aware Correlation Filter) 跟踪方法通过在目标位置提取不同尺度 S_z^s 大小目标特征，利用滤波器模板与不同尺度特征的相关，响应最大处即为目标新一帧中的位置，对应目标尺度即为目标估计最佳尺度。

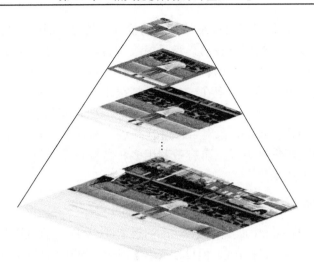

图 10-3　目标图像尺度池

10.3　进一步改进优化方向

相关滤波在目标跟踪领域的成功应用,是因为其跟踪速度快和跟踪鲁棒性高的特点,但目标建模方式和相关滤波的特性,以及目标跟踪情况的复杂性高,跟踪难点因素较多,因此可以针对以下方面进行改进优化来进一步提高跟踪的精度和成功率。

1. 模型更新

在目标跟踪过程中,由于目标跟踪实时性的限制,同时考虑到目标跟踪的鲁棒性以及为满足目标模板适应目标的形变等情况,相关滤波目标跟踪模板采用线性更新方式,但该方法是对滤波器模板的近似更新,将导致随着跟踪的进行,滤波器的鲁棒性降低,同时针对不同跟踪情况滤波器模板的更新率不尽相同,对于目标快速变化情况,较大的模板更新率可保证模板适应目标的变化,保持对目标的持续跟踪,而对于目标遮挡和出视野等情况下,较小的模板更新率可有效保证模板的鲁棒性,避免背景信息的干扰导致的模型漂移问题,最后,一定更新率更新情况对当前信息的权重保持一致,但随着跟踪过程进行,前帧信息权重会越来越低,导致初始信息的丢失,因此滤波器模板的线性更新问题也是影响相关滤波目标跟踪方法跟踪鲁棒性的重要因素。本篇提出时空感知相关滤波,通过时间正则化单元有效解决了相关滤波目标跟踪模型更新问题,进一步提高了跟踪的精度和成功率。

2. 目标特征

背景感知相关滤波目标跟踪采用单一 HOG 特征作为目标特征进行提取,训练滤波器模板，HOG 特征是对目标细节信息的描述，其对光照变化的鲁棒性较强，但同时其对目标的纹理特性要求较高，当目标纹理特性不明显以及目标外观变化较大时，容易导致失跟的发生。采用特征融合的方式可以综合多种特征的优势，解决单一特征在特定情况下的不足，但在一些跟踪情况下，一种特征的判别力不足将会影响其他特征判别力，因此本章通过对目标跟踪的每种特征判别力进行判别，选择在跟踪中判别力强的目标特征，来对目标进行跟踪。本章采用分层 HOG 特征、CN 特征与深度特征自适应选择方式，可有效利用多种特征在不同情况下的判别力，提高目标跟踪的精度和成功率。

3. 目标重检测

在相关滤波目标跟踪中，由于目标运动的连续性，同时为保证跟踪的实时性，通常采用一定跟踪区域搜索目标方式，但目标全部遮挡或出视野等情况会导致在搜索区域丢失目标，此时易导致目标模板学习到大量背景信息而跟踪失败。结合检测的方法可以较好地应对目标丢失情况，在目标丢失后采用目标检测方法对目标进行检测，重新确定目标位置再用相关滤波方法对目标进行持续跟踪，从而达到长时目标跟踪的目的。

4. 尺度估计

目标在跟踪过程中由形变、视角变化和焦距变化等导致的图像中像素数量和形状产生变化，导致目标模板与实际跟踪框的匹配度降低，当尺度变化超过滤波器鲁棒性的范围时将导致目标跟踪失败，因此对目标尺度进行精确估计也是目标跟踪过程中重要的任务。BACF 采用构造目标特征尺度池方式来估计目标尺度，但该方法尺度数设置有限，一定程度上，尺度池数量越多，对目标的尺度估计越准确，但同时跟踪的速度将受到很大的影响，因此本章采用额外的一维尺度估计方法，该方法计算量小，可设置较多尺度数来估计目标尺度，同时保证了跟踪的精度，为进一步提升跟踪速度，对特征进行降维，减小计算量。

10.4　实验数据与评价指标

为保证实验评价的公正客观性，通常对目标跟踪方法采用国际公开的标准数据集，利用通用的评价指标对跟踪性能进行评价。

本篇实验平台参数设置如下：操作系统为 Windows 7 64 位，运行环境为 MATLAB 2017b，CPU 为 Intel E5-2600 V4，内存 8G。

10.4.1　数据集

为对目标跟踪方法进行客观评价，充分对目标跟踪方法针对跟踪情况多种因素进行评估，对方法性能进行全面的评价和比较，本篇选择国际公开的标准数据集 OTB100[158]和 UAV123[159]作为跟踪方法的评估数据集。

1. OTB100 标准数据集

OTB100 标准数据集是目前国际上广泛使用的跟踪数据集之一，其包含 100 个拥有不同跟踪属性的跟踪数据，如图 10-4 所示，为部分跟踪数据首帧图像和经过人工标注的目标真实背景框，作为目标跟踪方法初始信息进行跟踪，并且每个跟踪数据包含图像均通过人工标注在每一帧跟踪中的目标真实位置以及尺度大小，便于对目标跟踪方法的综合性能和数据所包含的 11 种跟踪困难因素（光照变化（Illumination Variation，IV）、尺度变化（Scale Variation，SV）、目标遮挡（Occlusion，OCC）、目标形变（Deformation，DEF）、运动模糊（Motion Blur，MB）、快速运动（Fast Motion，FM）、平面内旋转（In-Plane Rotation，IPR）、平面外旋转（Out-of-Plane Rotation，OPR）、出视野（Out-of-View，OV）、背景干扰（Background Clutters，BC）、低分辨率（Low Resolution，LR））进行评估分析。其中包含彩色和灰度跟踪数据，以验证方法在不同颜色特性目标的跟踪效果，每个跟踪数据包含其中一种或几种跟踪困难因素，通过对其中每一种因素进行分析可以得到方法对特定因素下的跟踪性能指标，通过对不同数据的分析统计，可以较为全面地对目标跟踪方法进行评估。

图 10-4　OTB100 标准数据集

2. UAV123 标准数据集

UAV123 标准数据集是采用无人机拍摄的 123 个不同情况的跟踪数据，如图 10-5 所示，为部分数据集中的跟踪数据首帧目标图像，其中目标框表示首帧经过人工标注的目标位置。UAV123 标准数据集是由无人机角度拍摄的用于测试方法针对无人机情况下的跟踪性能，其包含的视频数量更多并且每个视频的跟踪时长更长，情况更为复杂，对方法的长时跟踪性能要求更高，同时可对方法 12 种跟踪困难因素（视角变化(Viewpoint Change，VC)、尺度变化(SV)、相似目标干扰(Similar Object，SO)、部分遮挡(Partial Occlusion，PO)、出视野(OV)、低分辨率(LR)、光照变化(IV)、全部遮挡(Full Occlusion，FO)、快速运动(FM)、相机运动(Camera Motion，CM)、背景干扰(BC)、纵横比变化(Aspect Ratio Change，ARC))下的跟踪性能进行评估，通过统计方法跟踪效果与真实人工标注的方法真实位置进行比较，使用三种评价指标来对方法性能进行评估，可以较为全面地对方法整体性能进行评价。

图 10-5　UAV123 标准数据集

本篇实验分别在两个数据集上进行，针对数据集上的所有跟踪数据进行跟踪实验，保存对应跟踪结果数据，针对不同的评价指标进行统计可以验证方法的综合性能，保证实验结果的客观性。另外，通过对数据集中包含的不同跟踪困难因素数据进行分类统计不同评价指标数据，可以比较方法在不同情况下的跟踪鲁棒性，分析方法针对不同跟踪情况下的跟踪优势与不足，全面评估方法有效性。两个跟踪数据集均为国际通用的跟踪数据，有利于对方法性能进行客观评估，同时在不同数据集下的跟踪性能表现可以说明方法的泛化能力。

10.4.2　评价指标

为了对方法进行有效评估，客观评价不同跟踪方法性能，定量分析方法效果，实验采用跟踪精度、跟踪成功率和时间复杂度三个评价指标对跟踪方法的性能进行评价。

1. 跟踪精度

目标跟踪精度是评估方法跟踪目标位置准确性的一种评价指标，通过计算跟踪结果的目标中心位置（如图 10-6 所示，浅蓝色中心位置）与标注的背景目标中心位置（如图 10-6 所示，红色中心位置）的欧氏距离来衡量。两者的欧氏距离越小，表示方法的跟踪精度越高，通过对目标跟踪方法在跟踪数据中的平均精度图进行分析，可以对跟踪方法总体性能进行有效评估，实验中采用一定阈值距离精度（20 像素）帧数占总帧数的百分比来表示目标跟踪精度，即

$$l = \sqrt{(x - x_b)^2 + (y - y_b)^2} \qquad (10\text{-}11)$$

式中，(x, y) 和 (x_b, y_b) 分别表示跟踪结果的目标中心位置与标注的背景目标中心位置。

图 10-6　目标跟踪框（见彩图）

2. 跟踪成功率

方法跟踪成功率是评估方法跟踪成功率的一种评价指标，通过计算跟踪结果的目标区域（以目标位置为中心，尺度大小为边界的目标框，如图 10-6 所示，浅蓝色目标跟踪结果框）与标注的背景目标区域（如图 10-6 所示，红色区域真实目标框）的重叠率（Intersection Over Union，IOU）来衡量，可反映方法跟踪的目标框与真实标注的目标框的差别，当重叠率大于一定的阈值（$T = 0.5$）时，则视为成功跟踪，实验中通过计算阈值从 0～1 变化的成功帧数占比。实验中采用成功率曲线图中线下面积（The Area Under Curve，AUC）来表示，即

$$O = \frac{|R \cap R_b|}{|R \cup R_b|} \qquad (10\text{-}12)$$

式中，R 和 R_b 分别表示跟踪结果的目标区域和标注的背景目标区域。

3. 时间复杂度

时间复杂度通过跟踪方法每秒处理的图像帧数（Frames Per Second，FPS）来衡量。每秒能够处理的图像帧越多，表示方法的时间复杂度越低，即

$$\text{FPS} = \frac{f_s}{T} \tag{10-13}$$

式中，f_s 表示跟踪数据总的处理帧数，T 表示处理跟踪数据方法的总耗时。

时间复杂度是对目标跟踪方法实时性的有效评价，时间复杂度越低，说明方法针对目标各种跟踪情况实时性跟踪的能力越强。

对跟踪方法在标准跟踪数据集上的跟踪结果通过三种评价指标来对方法性能进行定量评估，统计获得每一种跟踪困难因素以及综合方法性能，通过对跟踪结果进行定量分析，可以较为客观地对跟踪方法进行评价。

10.5　本 章 小 结

相关滤波目标跟踪方法在近年来得到广泛的应用，主要得益于其频率域计算的方法复杂度低，跟踪实时性强，同时可以保证较高的跟踪鲁棒性。本章对相关滤波目标跟踪方法原理进行介绍，着重介绍了针对边界效应的改进方法，背景感知相关滤波目标跟踪方法，通过在训练过程中采用裁切矩阵来获得更多完整的训练样本，提高样本的多样性，降低了边界效应问题。但针对目标跟踪情况，该方法依旧存在不足之处，本篇以背景感知相关滤波目标跟踪方法为基准，针对目标跟踪情况提出相关改进策略，将在后面章节进行介绍。

为了有效说明本篇方法的有效性，保证实验的客观性，本篇方法与对比实验方法均在公开的标准跟踪数据集上进行。通过对 OTB100 和 UAV123 跟踪数据集进行介绍，为对比实验的展开提供基础。

为了有效评估跟踪方法性能，对跟踪方法进行定量分析，介绍了三种评价指标，通过对结果进行分析，可对目标跟踪方法不同因素的指标进行客观定量的评价，有利于实验结果分析。

第 11 章　时空感知相关滤波器

11.1　引　　言

相关滤波目标跟踪方法为了满足目标跟踪的实时性要求，同时保证跟踪的鲁棒性，滤波器模板采用固定更新率线性更新的近似更新方式。但线性更新的近似计算方式在长时目标跟踪中容易导致模板的精度降低，同时以固定更新率更新滤波器模板的方式在由目标遮挡等导致的跟踪不准确情况下，会学习到大量背景信息而导致模板的漂移，在目标特征变化较大时，滤波器模板由更新率不能满足目标的变化趋势容易导致跟踪失败，最后线性更新的方式对当前帧模板信息权重较大，历史目标信息权重变得越来越小，不能够有效利用初始目标信息，因此固定更新率线性模板更新方式严重制约着相关滤波长时目标跟踪中的鲁棒性。

在相关滤波目标跟踪中，目标特征对于滤波器模板的训练，对跟踪方法的鲁棒性起着基础性和决定性作用。目前，常用的目标特征可分为人工特征和深度特征两类。人工特征是通过人工设计算法得到的目标的特定表观特性，如 HOG 特征和 CN 颜色空间特征。而深度特征是用神经网络模型提取的卷积特征，该特征在不同的卷积层对目标的表观描述不同，随着深度框架的成功应用，深度特征逐渐展现其强大的目标特征表征能力，基于深度特征的跟踪方法已经取得较好的跟踪效果。

本章在研究背景感知相关滤波目标跟踪的基础上，提出时空感知相关滤波器，通过在滤波器模板的训练过程中加入时间正则化单元，根据时序变化和空间特征自适应调节目标模板更新，避免了相关滤波中滤波器模板的线性更新方式，增强了滤波器模板在多种情况下的跟踪鲁棒性，避免了模板漂移问题。目标特征由于其计算方式的不同，可以对目标进行不同层面的表征，每一种特征在跟踪的不同情况下都有其优势与不足，所以采用特征融合方法利用多种特征在不同情况下的特征鲁棒性，来弥补单一特征的不足，可以提高目标跟踪在复杂情况下的跟踪鲁棒性。

11.2　时空感知相关滤波器模板训练

针对滤波器模板线性更新问题，为提高长时目标跟踪的精度和成功率，本章在背景感知相关滤波的基础上，提出时空感知相关滤波器方法，方法流程如图 11-1 所示。首先通过扩大目标搜索范围，来增强滤波器模板训练对空间的感知能力，由于

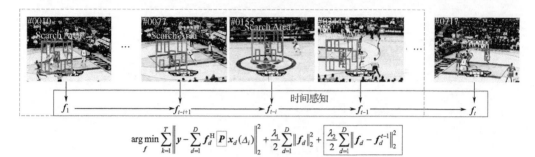

图 11-1　本章方法流程图（见彩图）

采用裁切矩阵方法，所以可以将目标搜索区域扩大 5 倍，可有效降低边界效应的影响，同时可获得更多的有效训练样本，增强训练模板的鲁棒性，然后在模板训练过程中加入时间正则化项，通过在时序变化上的感知能力，来对滤波器模板进行自适应调整，结合目标特征空间特性提升模板的鲁棒性，避免模板的线性更新带来的模板漂移等问题。在对不同跟踪情况的不同时刻进行跟踪时，滤波器模板训练根据目标特征空间特性和时序特性关联风险最小化来自适应调节模板更新状态，以提高模板训练的鲁棒性，滤波器模板训练如下

$$\arg\min_{f} \sum_{k=1}^{T} \left\| \boldsymbol{y} - \sum_{d=1}^{D} \boldsymbol{f}_d^{\mathrm{H}} \boldsymbol{P} \boldsymbol{x}_d(\Delta_i) \right\|_2^2 + \frac{\lambda_1}{2}\sum_{d=1}^{D}\|\boldsymbol{f}_d\|_2^2 + \frac{\lambda_2}{2}\sum_{d=1}^{D}\left\|\boldsymbol{f}_d - \boldsymbol{f}_d^{t-1}\right\|_2^2 \qquad (11\text{-}1)$$

式中，T 为目标特征 $\boldsymbol{x}$ 的维数，$\boldsymbol{y} \in \mathbb{R}^L$ 表示目标响应高斯标签，中心为 1 向边缘逐渐减小到 0，表示训练样本空间关系，目标中心为样本的概率最高，向边缘概率逐渐降低，$\boldsymbol{P} \in \mathbb{R}^{L \times T}$ 表示裁切矩阵，通过裁切矩阵对特征 $\boldsymbol{x}$ 裁剪出多个包含 $L(L \ll T)$ 个元素的完整训练样本，来降低边界效应的影响，$\boldsymbol{f}^{t-1}$ 表示前一帧训练的滤波器模板，λ_1 / λ_2 表示正则化系数。

为加速滤波器训练过程，将上式转换到频域中进行计算，通过频域点乘和快速傅里叶变换来降低计算复杂度，于是可得频率域训练模型为

$$\arg\min_{\hat{\boldsymbol{g}},f} \frac{1}{2}\|\hat{\boldsymbol{y}} - \hat{\boldsymbol{x}}^{\mathrm{H}}\hat{\boldsymbol{g}}\|_2^2 + \frac{\lambda_1}{2}\|\boldsymbol{f}\|_2^2 + \frac{\lambda_2}{2}\left\|\boldsymbol{f} - \boldsymbol{f}^{t-1}\right\|_2^2 \qquad (11\text{-}2)$$

$$\text{s.t.} \quad \hat{\boldsymbol{g}} = \sqrt{T}(\boldsymbol{F}\boldsymbol{P}^{\mathrm{H}} \otimes \boldsymbol{I})\boldsymbol{f}$$

式中，$\hat{\boldsymbol{g}} = [\hat{\boldsymbol{g}}_1^{\mathrm{H}},\cdots,\hat{\boldsymbol{g}}_D^{\mathrm{H}}] \in \mathbb{R}^{DT \times 1}$ 表示辅助变量，通过联结多通道元素来完整表示目标多通道特征，$\hat{\boldsymbol{x}} = [\mathrm{diag}(\boldsymbol{x}_1)^{\mathrm{H}},\cdots,\mathrm{diag}(\boldsymbol{x}_D)^{\mathrm{H}}] \in \mathbb{R}^{T \times DT}$ 为目标特征，$\boldsymbol{f} = [\boldsymbol{f}_1^{\mathrm{H}},\cdots,\boldsymbol{f}_D^{\mathrm{H}}] \in \mathbb{R}^{DL \times 1}$ 为训练滤波器模板，$\boldsymbol{I} \in \mathbb{R}^{T \times T}$ 表示单位矩阵，$\otimes$ 表示 Kronecker 操作，$\boldsymbol{F}$ 表示傅里叶矩阵，用于将任意时域矩阵转换到频域中表示，如 $\hat{\boldsymbol{a}} = \sqrt{T}\boldsymbol{F}\boldsymbol{a}$。

通过对式(11-2)求解可得到滤波器模板，但无法直接求其封闭解，因此本章通过构造增广拉格朗日方程来优化求解式(11-2)，得到增广拉格朗日方程如下

$$\pounds(\hat{\pmb{g}},\pmb{f},\hat{\pmb{\zeta}})=\frac{1}{2}\left\|\hat{\pmb{y}}-\hat{\pmb{x}}^{\mathrm{H}}\hat{\pmb{g}}\right\|_2^2+\frac{\lambda_1}{2}\|\pmb{f}\|_2^2+\frac{\lambda_2}{2}\left\|\pmb{f}-\pmb{f}^{t-1}\right\|_2^2$$
$$+\hat{\pmb{\zeta}}^{\mathrm{H}}(\hat{\pmb{g}}-\sqrt{T}(\pmb{FP}^{\mathrm{H}}\otimes\pmb{I})\pmb{f})+\frac{\gamma}{2}\left\|\hat{\pmb{g}}-\sqrt{T}(\pmb{FP}^{\mathrm{H}}\otimes\pmb{I})\pmb{f}\right\|_2^2 \tag{11-3}$$

式中，γ 表示拉格朗日正则化项，$\hat{\pmb{\zeta}}=[\hat{\pmb{\zeta}}_1^{\mathrm{H}},\cdots,\hat{\pmb{\zeta}}_D^{\mathrm{H}}]^{\mathrm{H}}\in\mathbb{R}^{DT\times1}$ 表示拉格朗日向量。

要求解式(11-3)，本章通过交替方向乘子法(Alternating Direction Method of Multipliers，ADMM)[160]来优化求解，可分别得到如下两个优化子式

$$\pmb{f}^{i+1}=\underset{\pmb{f}}{\arg\min}\left\{\frac{\lambda_1}{2}\|\pmb{f}\|_2^2+\frac{\lambda_2}{2}\left\|\pmb{f}-\pmb{f}^{t-1}\right\|_2^2+\hat{\pmb{\zeta}}^{\mathrm{H}}(\hat{\pmb{g}}-\sqrt{T}(\pmb{FP}^{\mathrm{H}}\otimes\pmb{I})\pmb{f})\right.$$
$$\left.+\frac{\gamma}{2}\left\|\hat{\pmb{g}}-\sqrt{T}(\pmb{FP}^{\mathrm{H}}\otimes\pmb{I})\pmb{f}\right\|_2^2\right\} \tag{11-4}$$

$$\hat{\pmb{g}}^{i+1}=\underset{\hat{\pmb{g}}}{\arg\min}\left\{\frac{1}{2}\left\|\hat{\pmb{y}}-\hat{\pmb{x}}^{\mathrm{H}}\hat{\pmb{g}}\right\|_2^2+\hat{\pmb{\zeta}}^{\mathrm{H}}(\hat{\pmb{g}}-\sqrt{T}(\pmb{FP}^{\mathrm{H}}\otimes\pmb{I})\pmb{f})\right.$$
$$\left.+\frac{\gamma}{2}\left\|\hat{\pmb{g}}-\sqrt{T}(\pmb{FP}^{\mathrm{H}}\otimes\pmb{I})\pmb{f}\right\|_2^2\right\} \tag{11-5}$$

对滤波器求解过程式(11-4)推导如下，首先对该优化问题求其偏导

$$\frac{\partial\pounds(\hat{\pmb{g}},\pmb{f},\hat{\pmb{\zeta}})}{\partial\pmb{f}}=(\lambda_1+\lambda_2)\pmb{f}-\lambda_2\pmb{f}^{t-1}-\sqrt{T}(\pmb{FP}^{\mathrm{H}}\otimes\pmb{I}_K)^{\mathrm{H}}\hat{\pmb{\zeta}}$$
$$+\gamma\sqrt{T}(\pmb{FP}^{\mathrm{H}}\otimes\pmb{I}_K)^{\mathrm{H}}[\sqrt{T}(\pmb{FP}^{\mathrm{H}}\otimes\pmb{I}_K)\pmb{f}-\hat{\pmb{g}}]=0 \tag{11-6}$$

$$[\lambda_1+\lambda_2+\gamma T(\pmb{FP}^{\mathrm{H}}\otimes\pmb{I}_K)^{\mathrm{H}}(\pmb{FP}^{\mathrm{H}}\otimes\pmb{I}_K)]\pmb{f}=\sqrt{T}(\pmb{FP}^{\mathrm{H}}\otimes\pmb{I}_K)^{\mathrm{H}}[\hat{\pmb{\zeta}}+\gamma\hat{\pmb{g}}]+\lambda_2\pmb{f}^{t-1} \tag{11-7}$$

$$[\lambda_1+\lambda_2+\gamma T]\pmb{f}=\sqrt{T}(\pmb{FP}^{\mathrm{H}}\otimes\pmb{I}_K)^{\mathrm{H}}(\hat{\pmb{\zeta}}+\gamma\hat{\pmb{g}})+\lambda_2\pmb{f}^{t-1} \tag{11-8}$$

$$\left(\frac{\lambda_1+\lambda_2+T\gamma}{T}\right)\pmb{f}=\frac{1}{\sqrt{T}}(\pmb{FP}^{\mathrm{H}}\otimes\pmb{I}_K)^{\mathrm{H}}(\hat{\pmb{\zeta}}+\gamma\hat{\pmb{g}})+\frac{\lambda_2\pmb{f}^{t-1}}{T} \tag{11-9}$$

$$\pmb{f}=\left(\frac{\lambda_1+\lambda_2+T\gamma}{T}\right)^{-1}\left(\hat{\pmb{\zeta}}+\gamma\hat{\pmb{g}}+\frac{\lambda_2\pmb{f}^{t-1}}{T}\right) \tag{11-10}$$

式中，$\pmb{g}=\frac{1}{\sqrt{T}}(\pmb{PF}^{\mathrm{H}}\otimes\pmb{I}_D)\hat{\pmb{g}}$，$\pmb{\zeta}=\frac{1}{\sqrt{T}}(\pmb{PF}^{\mathrm{H}}\otimes\pmb{I}_D)\hat{\pmb{\zeta}}$，用于将上述公式分解为 D 个独立的傅里叶求解方程。实验中可通过快速傅里叶变换和反变换求解 $\pmb{g}_d$ 和 $\pmb{\zeta}_d$，裁切矩阵 $\pmb{P}$ 可通过查表法快速得到。

对于式(11-5)，同式(11-4)方法直接求解上述问题，由矩阵求逆操作导致其计算复杂度较高，极大的计算复杂度将严重影响目标跟踪的实时性。而由于 $\pmb{X}$ 的 D 维稀疏性，$\pmb{Y}$ 的元素只依赖于每个通道的元素性质，因此式(11-5)可分解为 D 个独立

的子问题，即

$$\hat{g}(t) = \arg\min_{\hat{g}(t)} \left\{ \frac{1}{2} \left\| \hat{y}(t) - \hat{x}^{H}(t)\hat{g}(t) \right\|_{2}^{2} + \hat{\zeta}^{H}(\hat{g}(t) - \hat{f}(t)) + \frac{\gamma}{2} \left\| \hat{g}(t) - \hat{f}(t) \right\|_{2}^{2} \right\} \qquad (11\text{-}11)$$

同式(11-4)方法可得上述公式的解为

$$\hat{g}(t) = (\hat{x}(t)\hat{x}(t)^{H} + \gamma T \boldsymbol{I})^{-1}(\hat{y}(t)\hat{x}(t) - T\hat{\zeta}(t) + \gamma T \hat{f}(t)) \qquad (11\text{-}12)$$

由于上式第一项为矩阵求逆操作，导致求解计算量过大，不能够满足目标跟踪的速度要求，为进一步降低方法的复杂度，可通过 Sherman-Morrison 公式进一步简化式(11-12)的计算。

Sherman-Morrison 公式如下所示，矩阵求逆过程可转化为后式进行求逆可得

$$(\boldsymbol{D} + \boldsymbol{V}\boldsymbol{V}^{H})^{-1} = \boldsymbol{D}^{-1} - \boldsymbol{D}^{-1}\boldsymbol{V}(\boldsymbol{I} + \boldsymbol{V}^{H}\boldsymbol{D}^{-1}\boldsymbol{V})^{-1}\boldsymbol{V}^{H}\boldsymbol{D}^{-1} \qquad (11\text{-}13)$$

式中，$\boldsymbol{D}$ 对应式(11-12)中 $T(\gamma + \mu)\boldsymbol{I}_{D}$，$\boldsymbol{V}$ 对应 $\hat{x}(t)$，应用 Sherman-Morrison 公式后可将简化矩阵求逆操作，可得公式的最终解为

$$\hat{g}(t) = \frac{1}{\gamma T}(\hat{y}(t)\hat{x}(t) - T\hat{\zeta}(t) + \gamma T \hat{f}(t)) - \frac{\hat{x}(t)}{\gamma TB}(\hat{y}(t)\hat{s}_{x}(t) - T\hat{s}_{\zeta}(t) + \gamma T \hat{s}_{f}(t)) \qquad (11\text{-}14)$$

式中，$\hat{s}_{x}(t) = \hat{x}(t)^{H}\hat{x}(t)$，$\hat{s}_{\zeta}(t) = \hat{x}(t)^{H}\hat{\zeta}(t)$，$\hat{s}_{f}(t) = \hat{x}(t)^{H}\hat{f}(t)$，$B = \hat{s}_{x}(t) + T(\gamma + \mu)$。同式(11-12)相比大大降低了计算的复杂度，可满足跟踪的实时性要求。

拉格朗日系数通过下式来更新

$$\hat{\zeta}^{i+1} = \hat{\zeta}^{i} + \gamma(\hat{g}^{i+1} - \hat{f}^{i+1}) \qquad (11\text{-}15)$$

式中，$\hat{g}^{i+1}$ 和 $\hat{f}^{i+1}$ 分别表示当前帧上述公式求解结果，γ 的更新方式为 $\gamma^{f+1} = \min(\gamma_{\max}, \beta\gamma^{f})$，$\beta$ 为步长因子。

由于采用时间正则化单元，避免了模型线性更新方式，从而避免了模板更新近似计算导致的模型漂移问题，进一步提高跟踪的鲁棒性，由于本章框架未引入额外的计算量，同时避免了模型的实时更新，一定程度上减小了计算复杂度。在目标跟踪阶段，通过目标特征与滤波器模板的相关性来确定目标位置，即

$$\boldsymbol{r} = \mathscr{F}^{-1}(\hat{g}^{H}\hat{X}) \qquad (11\text{-}16)$$

目标响应最大的位置即为目标在新一帧图像中的位置，完成目标跟踪。

11.3　时空感知相关滤波器方法步骤

时间感知相关滤波方法步骤如下。

时空感知相关滤波

输入：当前帧目标图像 F_t、目标初始图像位置 $[x,y]$、目标初始尺度大小 $[W,H]$。

输出：目标位置和尺度大小。

 1. for frame = 1 to N do

 2. if frame > 1

 3. 根据目标尺度大小构建目标多尺度池，获取多尺度搜索区域 $S_z^s = \alpha^m \cdot \sqrt{5WH}$，$m = \left[-\dfrac{N-1}{2}, -\dfrac{N-3}{2}, \cdots \dfrac{N-1}{2} \right]$，$N=5$ 是设置的尺度池数目，$\alpha = 1.02$ 为尺度步长。

 4. 在目标当前位置，以多尺度搜索区域大小提取目标多尺度特征 x_t^s，转换到频域为 $X_t^s = \mathrm{FFT}(x_t^s)$。

 5. 根据式(11-16)获得目标响应。

 6. 搜索目标响应最大值位置，响应最大值位置即为目标位置，对应尺度为目标尺度。

 7. end if

 8. 根据目标尺度大小狄取搜索区域 $S_z = \sqrt{5WH}$ 。

 9. 在目标当前位置，以搜索区域大小提取目标特征 x_t，转换到频域为 $X_t = \mathrm{FFT}(x_t)$。

 10. for iter = 1 to admm_max_iter do

 11. 求解式(11-12)得到滤波器模板。

 12. 求解式(11-10)得到滤波器模板中间量。

 13. 求解式(11-15)得到拉格朗日系数和拉格朗日正则化系数 γ。

 14. end for

 15. 存储历史帧滤波器模板信息。

 16. end for

11.4　时空感知相关滤波器实验与分析

11.4.1　对比实验设置

为验证本章方法的有效性，实验采用对比实验方式，将本章方法与基准方法 BACF 进行对比来验证方法的目标跟踪性能。

11.4.2　数据集

为保证实验对比的客观性，实验在标准跟踪数据集 OTB100 和 UAV123 上进行。实验分别在两个数据集上进行，验证方法的综合性能，保证实验结果的客观性。

11.4.3　实验具体参数设置

实验中设置参数：目标区域为 $S_z = \sqrt{5WH}$ ，正则化项设置为 $\lambda_2 = 14$，实验表明，设置为 14 附近，方法具有较好的跟踪性能，正则化项 $\lambda_1 = 1$，交替方向乘子法中 γ^0、γ^{max} 和步长 β 分别设置为 1、10000、10，其余参数设置同 BACF。需要指出的是，本章方法在两个数据集上的参数设置相同，因此可以充分验证方法的广适性和避免参数调整对方法的影响，同时为保证实验的公平性，本章对比方法采用作者提供源代码在对应数据集上的参数进行实验，避免因参数导致的实验准确性。但由于设备环境不同，实验最终结果会产生细微差别，但不影响最终实验效果的评价。

11.4.4　实验结果及分析

1．OTB100 跟踪数据集

图 11-2 为本章方法 STACF 采用 HOG 特征和基准跟踪方法 BACF 在 OTB100 标准跟踪数据集上 100 个跟踪数据的目标跟踪精度和成功率评估统计图。可以看出，本章提出的时空感知相关滤波器方法较基准方法 BACF 在综合目标跟踪成功率上提高 5.7%，目标跟踪精度提高 2.6%，这是由于采用了时间正则化单元，目标在跟踪中根据时空特性来自适应调节模型更新，避免了模型固定更新率更新导致的模型漂移问题，同时降低固定学习率导致的目标历史信息的更迭遗忘，取得比较好的跟踪效果。同时本章方法在 OTB100 上的跟踪平均速度为 26.4FPS，BACF 方法的平均速度为 21.3FPS，在跟踪速度上提高了 23.9%，由于采用时序感知避免了模板的更新，进一步提高了跟踪的速度。

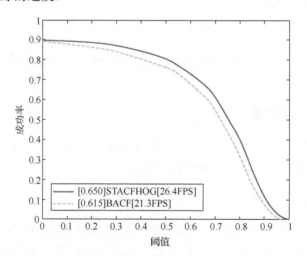

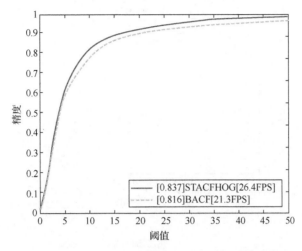

图 11-2　OTB100 跟踪数据集跟踪成功率和跟踪精度评估指标

图 11-3 为本章方法 STACF 采用 HOG 特征和基准跟踪方法 BACF 在 OTB100 标准跟踪数据集上发生平面外旋转、平面内旋转、目标出视野和目标被遮挡四种情况下的跟踪成功率结果统计图，图中括号内所示为发生对应情况的跟踪数据数量。可以看出，本章方法在四种跟踪情况下的跟踪成功率分别为 0.616、0.610、0.590、0.604，较基准跟踪方法 BACF 分别提高 6.6%、4.8%、7.9%、6.7%。因此本章基于时间正则化的时空感知相关滤波跟踪方法，可以在目标发生旋转、遮挡等情况下，自适应调节目标模板更新，降低目标模板的漂移现象，提高目标跟踪方法的成功率。

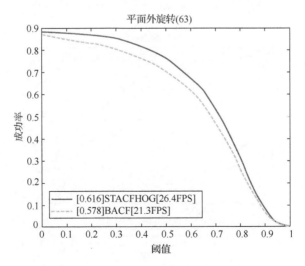

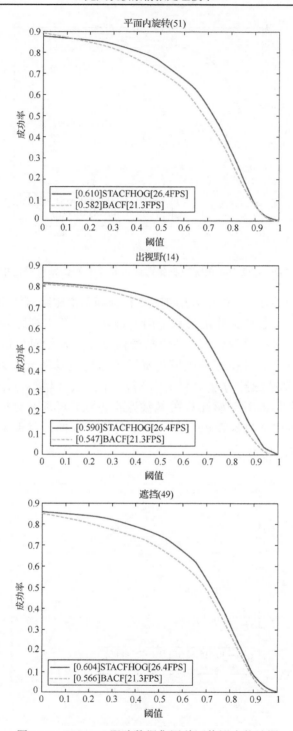

图 11-3　OTB100 跟踪数据集四种评价因素统计图

2. UAV123 跟踪数据集

图 11-4 为本章方法 STACF 采用 HOG 特征和基准跟踪方法 BACF 在 UAV123 标准跟踪数据集上的 123 个跟踪数据综合目标跟踪成功率和目标跟踪精度统计结果图。可以看出，本章方法在 UAV123 数据集上的综合目标跟踪成功率为 0.532，较基准跟踪方法 BACF 提高 5.1%，综合目标跟踪精度为 0.587，较基准跟踪方法 BACF 提高 2.6%。UAV123 标准跟踪数据集上包含的跟踪数据较 OTB100 标准跟踪数据集的数据更长，目标的变化更剧烈，对跟踪方法的鲁棒性和对目标进行长时间跟踪的能力要求更高，本章方法在该数据集上的综合目标跟踪成功率和目标跟踪精度依然较基准方法更优，并且需要指出的是，本章方法并未就特定数据集采用特定适应参数，两个数据集均采用相同参数，充分说明本章方法较基准方法具有更高的跟踪成功率和精度，并且具有较高的鲁棒性和环境适应能力。

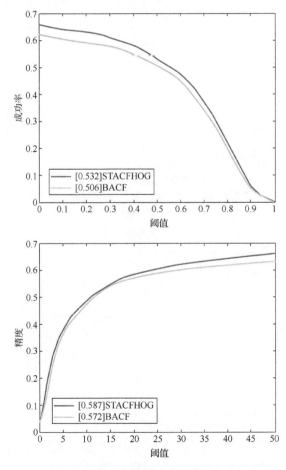

图 11-4　UAV123 跟踪数据集跟踪成功率和跟踪精度评估指标

　　图 11-5 为本章方法 STACF 采用 HOG 特征和基准跟踪方法 BACF 在 UAV123 标准跟踪数据集上在目标出视野、目标被部分遮挡、目标被全部遮挡、相机移动和视角变化五种情况下的目标跟踪成功率统计结果图。可以看出，本章方法在目标出视野情况下的跟踪成功率为 0.416，较基准方法提高 10.9%，在目标被部分遮挡情况下的跟踪成功率为 0.435，较基准方法提高 12.4%，在目标被全部遮挡情况下的跟踪成功率为 0.245，较基准方法提高 20.7%，在相机移动情况下跟踪成功率为 0.492，较基准方法提高 1.9%，在视角变化情况下的跟踪成功率为 0.414，较基准方法提高 1.2%。因此，本章方法可以有效提高目标跟踪在目标遮挡等问题中的跟踪成功率，其原因与 OTB100 相同，并且本章方法在多个数据集上的对应问题均较基准方法提高明显，证明本章方法具有较好的适应性。

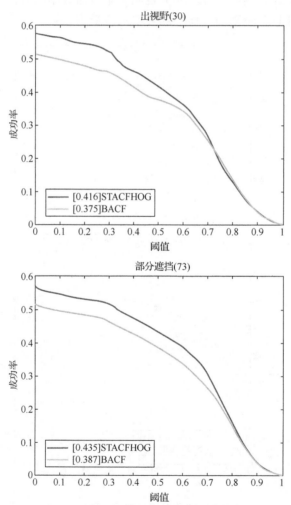

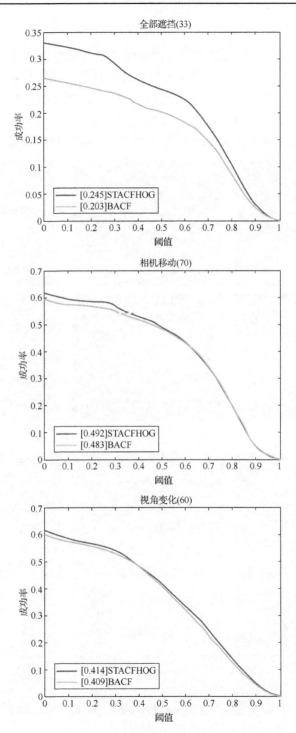

图 11-5　UAV123 跟踪数据集跟踪成功率评估指标

3. 定性分析

图 11-6 为本章方法 STACF 采用 HOG 特征和基准跟踪方法 BACF 的跟踪结果具体实例，在此选取跟踪过程中包含目标旋转、目标遮挡等情况下的典型跟踪数据进行说明。图 11-6(a) 为 Human5 跟踪数据，目标在行进过程中发生部分遮挡、旋转、尺度变化等干扰因素，可以看出，随着跟踪的进行，本章方法可以较好地对目标进行准确的跟踪，而基准方法 BACF 则发生严重的模型漂移，这是由于本章基于时间

(a)

(b)

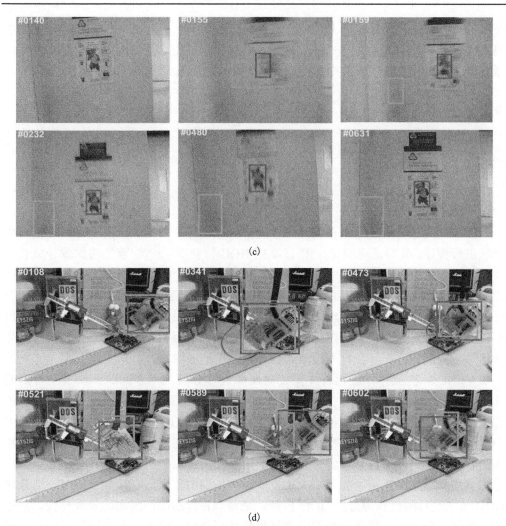

图 11-6　部分跟踪结果(见彩图)

正则化的时间感知能力,可以在目标发生较大形变和遮挡时持续对目标进行跟踪。
图 11-6(b)为 Human6 跟踪数据,目标在第 59 帧发生完全遮挡,基准方法 BACF 由
于学习到大量的背景知识,模型发生漂移,不能够对目标进行继续跟踪,而本章方
法自适应调节跟踪模板学习率,在目标恢复后仍然可以继续对目标进行跟踪。
图 11-6(c)为 BlurOwl 跟踪数据,在第 155 帧由于镜头的不断变化,目标跟踪发生模
糊、低分辨率、快速移动和尺度变化等因素,由于目标变化剧烈,基准方法 BACF
迅速学习到干扰信息,不能对目标继续进行跟踪导致跟踪失败,而本章方法可以根
据目标历史信息进行自适应调节模板信息变化,完成对目标的持续跟踪。图 11-6(d)
为 Board 跟踪数据,目标在跟踪过程中发生旋转和尺度变化等因素,在跟踪过程中

基准方法 BACF 不断学习背景信息，在经过一段时间后对目标的跟踪精度降低，在第 589 帧时由于目标发生平面外旋转，BACF 模型不能对目标进行继续跟踪，而本章方法则可以在长时间跟踪中保持跟踪精度，完成目标跟踪。

11.5　特　征　选　择

11.5.1　人工特征

1. 分层 HOG 特征

HOG 特征[161]通过计算和统计图像局部区域的梯度方向直方图来对目标轮廓和形状进行描述，其特征可视化如图 11-7 中 HOG 特征所示[162]。首先将图像分成若干块，然后对每个块中像素求取方向梯度，最后综合每个块的方向梯度得到图像总体 HOG 特征。因为在图像中边缘部分通常存在较大的像素信息的变化，所以目标边缘可以被梯度信息表征，通过对图像进行梯度计算可以很好地对目标轮廓信息进行描述，同时通过对目标像素的归一化使其对光照变化等因素不敏感，具有较强的特征鲁棒性，因此近些年其在行人检测、目标跟踪中已经取得很好的效果。

在 HOG 特征计算过程首先需要对图像进行分块，而不同的分块大小得到的 HOG 特征分辨率不同，同时其对目标表观变化的敏感性也不同，对目标边界信息的描述能力不同。图 11-7 为不同分块大小对图像提取的 HOG 特征可视化结果，IHOG 为对应分块大小的 HOG 特征反向计算得到的可视化图。可以看出，对图像分块较大的含有较少的细节信息，但含有较多的语义信息，而较小的分块对目标的细节信息描述更具体，因此不同的分块大小也是对目标的细节不同表征。通过对不同分块 HOG 特征进行融合获得分层 HOG 特征，来得到目标的不同层面的表观特征，然后通过特征选择方式选择目标跟踪中特征鲁棒性更强的分块大小对目标进行跟踪，增强目标跟踪的鲁棒性。

HOG 特征是对目标表观轮廓特性的描述，但 HOG 特征在目标细节不足、图像分辨率低的情况下，特征分辨力不足，在背景干扰、目标形变等情况下跟踪鲁棒性不够，因此通过融合其他不同类型特征的方法可有效提高复杂情况下的跟踪成功率。

2. 颜色空间特征

CN 颜色空间特征通过将目标图像 RGB 颜色特征映射为红、灰、棕、绿、蓝、橙、黑、粉、紫、白和黄 11 维颜色空间特征，图 11-8 为原始颜色特征和颜色空间特征图，可以看出，在不同颜色空间中的特征图像具有不同的特征判别力，结合颜色空间特征可有效利用目标在不同颜色空间的特征判别力，增强复杂背景下的特征

Image

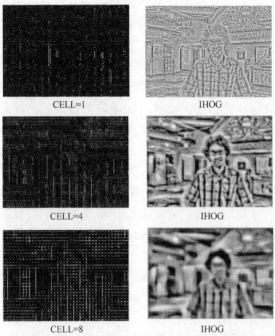

CELL=1　　　　　　　　　IHOG

CELL=4　　　　　　　　　IHOG

CELL=8　　　　　　　　　IHOG

图 11-7　分层 HOG 特征与可视化(见彩图)

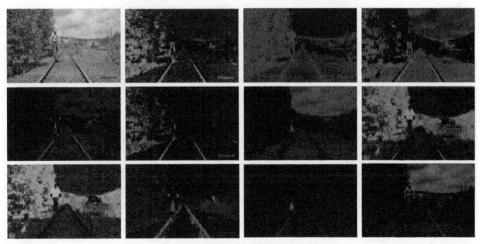

图 11-8　颜色空间特征(见彩图)

判别，在颜色图像目标跟踪情况下可取得较好的跟踪效果，弥补了目标因形变或相似背景导致的 HOG 特征引起的失跟。

11.5.2　深度特征

随着卷积神经网络的提出和不断优化，其在目标检测领域已经展现出强大的特征提取和分类能力。目前将卷积神经网络运用到目标跟踪中分为两种应用策略，一种是针对目标跟踪情况提出相应的跟踪网络框架，这种策略可以较好地适应目标跟踪情况，同时通过简化的网络框架可达到实时性跟踪要求，但该方法需要针对目标跟踪情况对整个框架进行训练，需要跟踪的大数据支持；另一种是应用目标检测中成熟的特征提取框架，将网络的目标分类层进行裁剪，利用预训练好的网络框架直接对目标进行特征提取，结合相关滤波可实现较为鲁棒的目标跟踪。本章方法采用第二种策略，目的是结合相关滤波快速鲁棒的跟踪性能和深度特征强大的特征提取能力。

目前，在目标跟踪领域应用较为广泛的深度网络框架有 VGGNet-deep-16、VGGNet-deep-19、VGGNet-M-2048 等，通常网络越深其网络参数越多，提取的目标特征越鲁棒，但同时特征提取的耗时越长。本章考虑到目标跟踪的速度需求，采用 VGGNet-M-2048 为特征提取框架，其较上述其余两个网络更小，但同样可以完成对目标特征的有效提取。

通过卷积层的堆叠和大数据的参数训练，神经网络可完成对目标的特征提取，本章采用在 ImageNet 数据集上预训练的 VGGNet-M-2048 深度框架进行深度特征提取，图 11-9 为深度特征提取的可视化图，其中 Conv3、Conv4、Conv5 分别为第 3、4 和 5 卷积层提取的目标深度特征，深度特征在目标跟踪领域展现的高鲁棒性已经

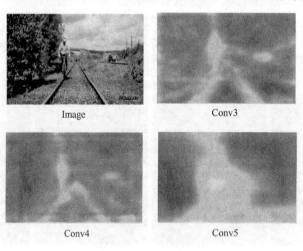

图 11-9　深度特征

得到实验验证，同时深度特征的高层的卷积特征对目标旋转、目标遮挡等情况具有较高的鲁棒性，低层的卷积特征对目标的细节刻画较为清晰，可完成对目标的精确定位。通过融合深度特征，利用神经网络对目标特征进行提取可进一步提高目标跟踪的鲁棒性。本章采用 HOG 和 CN 特征融合与 HOG 和深度特征融合两种方式研究不同特征结合对目标跟踪的影响。

11.5.3　自适应特征选择

目标特征是对目标特定表观特性的描述，每一种特征在不同跟踪情况下都有其优势与不足，在目标纹理较为丰富而且目标形变不大的情况下，HOG 特征可以对目标进行精确定位，而在目标纹理信息不明显的情况下，颜色特征可弥补 HOG 特征的不足。因此通过融合不同目标特征，利用特征在不同情况下的判别力，可有效提高跟踪的鲁棒性。但当融合特征中部分特征跟踪效果不好时，融合特征降低了优势特征的判别力，导致跟踪精度的下降。

针对上述问题，本章提出基于置信度指标的自适应特征选择方法，在目标跟踪过程中实时对每一类特征进行鲁棒性评估，选择目标跟踪鲁棒性强的特征来精确定位目标在图像中的位置，避免部分特征在一些情况下的特征判别力不强的问题，同时通过设置不同特征融合方式，可利用不同特征对目标的不同表征获得更为全面的特征表征。

目标跟踪的响应是判断目标位置的直接条件，通过目标响应可以对目标的跟踪情况进行判断。最直接的情况判别方式是目标响应峰值，然而目标响应峰值在部分情况下对跟踪情况的判别不够准确，如图 11-10 所示，当目标受到遮挡后，目标峰值依旧保持在较高的水平，而目标已经受到遮挡，因此目标响应峰值在对目标遮挡的判断具有较大的局限性。本章提出一种新的跟踪置信度指标 APR（Average Peak Ratio），即

$$\text{APR} = \frac{\left| G_{\max} \right|^2}{\text{mean}\left(\sum_{\omega,k} \left| G_{\omega,k} - G_{\text{avr}} \right|^2 \right)} \tag{11-17}$$

式中，$G_{\max} / G_{\text{avr}}$ 分别表示目标响应最大值和均值，$G_{\omega,k}$ 表示不同点的目标响应值。

如图 11-10 所示，当目标发生遮挡时，目标响应波动较大，$\text{APR} = 8.668$ 较小，目标响应最大值 $F_{\max} = 0.293$ 减小不明显。如图 11-11 所示，目标被遮挡后，目标响应最大值 $F_{\max} = 0.186$ 减小，$\text{APR} = 10.122$ 值较小，而当目标正常跟踪时，目标响应值最大值 $F_{\max} = 0.444$ 较大，波动较小，$\text{APR} = 22.179$ 较大。因此，APR 值可以很好地作为目标发生遮挡的判断指标。本章所提置信度指标是对目标响应波动情况的有效反映，在目标受到遮挡等情况下，由于搜索不到目标位置，目标响应峰值相对降低，特别是目标响应波动加剧，甚至出现多峰值现象，说明特征的判别力不足，不能够精确确定目标的图像位置。

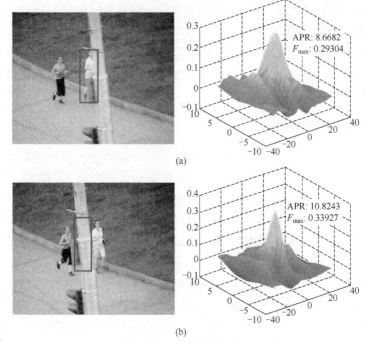

图 11-10 目标跟踪置信度

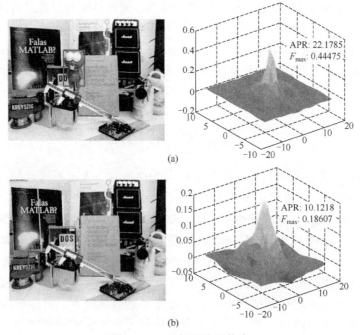

图 11-11 目标跟踪置信度

当某种特征的判别力较强时，此时目标的响应峰值较大，同时响应值较为集中，该情况下目标响应的 APR 比较大，反映该特征的判别力较强，易于完成对目标位置的精确定位。反之目标响应较低或响应峰值较多时，则该情况下目标的特征判别力不强，不能够由该特征判断目标的跟踪精确位置，或者目标特征响应干扰较多，容易在以目标响应作为目标位置确定指标下造成目标的误判，导致跟踪失败，对目标跟踪的精度影响较大。特征选择方法如下

$$\hat{\boldsymbol{x}}_f = \hat{\boldsymbol{x}}_n$$

$$\text{s.t.} \quad n = \max(\text{APR}^{\text{HOG}}, \text{APR}^{\text{CN}}, \text{APR}^{\text{COV}}) \tag{11-18}$$

式中，APR^{HOG}、APR^{CN}、APR^{COV} 分别表示 HOG 特征、CN 特征和卷积特征的目标响应 APR 值，目标跟踪过程中实时选择目标响应最大的目标特征。

通过对目标特征判别力进行判断，选择目标特征鲁棒性较强的跟踪特征可有效提高跟踪成功率。

11.6　自适应特征选择实验与分析

11.6.1　对比实验设置

为验证本章方法的有效性，实验采用对比实验方式。本章将对比实验分为两类。一类是采用人工特征包括本章方法与基准跟踪方法 BACF 进行对比，验证基于人工特征的方法跟踪性能；一类是采用深度特征包括本章方法与基准跟踪方法 BACF 以及本章方法采用人工特征进行实验对比，验证基于深度特征的方法跟踪性能。

11.6.2　测试数据集

为保证实验对比的客观性，实验在标准跟踪数据集 OTB100 和 UAV123 上进行。实验分别在两个数据集上进行实验，验证方法的综合性能，保证实验结果的客观性。

11.6.3　实验具体参数设置

实验中设置参数分层 HOG 特征分块大小为 4 和 8，实验中选择特征鲁棒性最高的两种特征作为目标跟踪特征提取。

11.6.4　实验结果及分析

1. OTB100 跟踪数据集

图 11-12 为本章方法 STACF 采用人工特征选择方法与采用单一 HOG 特征以及基准方法 BACF 在 OTB100 标准跟踪数据集上的目标跟踪精度和成功率评估统计

图。可以看出，本章采用人工特征选择方法目标跟踪精度为 0.866，目标跟踪成功率为 0.656，较采用单一HOG特征方法分别提高 3.6%和1.1%，较基准跟踪方法BACF分别提高 6.1%和 6.7%，因此本章采用自适应特征选择方法可以有效提高目标跟踪的成功率和精度。采用自适应特征选择策略，可以在复杂跟踪情况下自适应选择鲁棒性较好的目标特征，达到提高目标跟踪鲁棒性的目的。

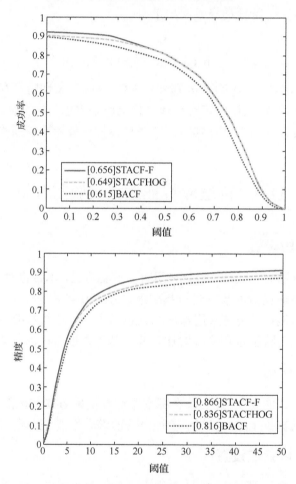

图 11-12　OTB100 跟踪数据集跟踪成功率和跟踪精度评估指标

图 11-13 为本章方法 STACF 采用深度特征和采用人工特征跟踪方法以及基准跟踪方法 BACF 在 OTB100 标准跟踪数据集上的目标跟踪精度和成功率评估统计图。可以看出，本章基于深度特征的目标跟踪方法目标跟踪成功率为 0.691，较基准方法 BACF 提高 12.4%，目标跟踪精度为 0.899，较基准方法 BACF 提高 10.2%，较本章方法基于人工特征的跟踪方法目标跟踪成功率提高 5.3%，目标跟踪精度提高

3.8%，这是由于深度特征对目标的特征表征更为全面，在复杂情况下的跟踪鲁棒性更强。因此结合深度特征可以较好地提高目标跟踪的精度和成功率，但深度特征提取计算量较大，特征维数较高，导致跟踪速度受到限制，不能够达到实时性要求，需要进一步针对速度进行提升。

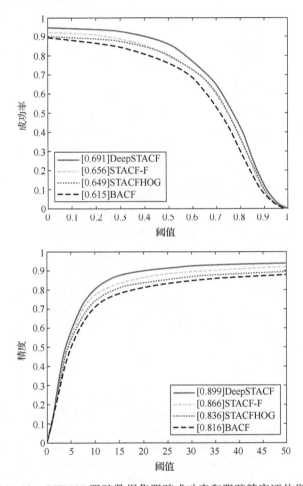

图 11-13　OTB100 跟踪数据集跟踪成功率和跟踪精度评估指标

2. UAV123 跟踪数据集

图 11-14 为本章方法 STACF 采用人工特征选择方法与采用单一 HOG 特征以及基准方法 BACF 在 UAV123 标准跟踪数据集上的目标跟踪精度和成功率统计结果图。可以看出，本章方法采用人工特征选择方法目标跟踪精度和目标跟踪成功率分别为 0.647 和 0.561，较基准方法 BACF 在两种评估准则下分别提高 13.1% 和 10.9%，较本章方法采用单一 HOG 特征分别提高 10.2% 和 5.5%，因此采用自适应选择融合

特征可以较好地提高目标跟踪的鲁棒性，其原因与 OTB100 跟踪数据集相同，需要指出的是，在 UAV123 上的目标跟踪方法参数与 OTB100 相同，避免了由参数带来的不同跟踪数据集的影响，同时说明了本章方法的广适性，在不同数据集多种情况下均能达到较好的跟踪效果，有效提高目标跟踪的精度和成功率。

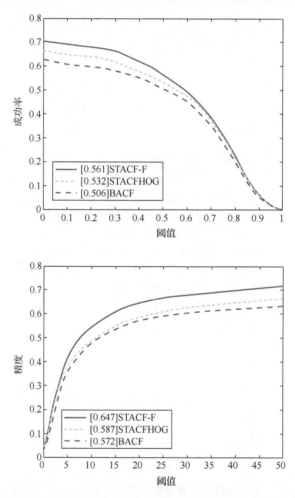

图 11-14　UAV123 跟踪数据集跟踪成功率和跟踪精度评估指标

　　图 11-15 为本章方法采用深度特征与采用人工特征以及基准跟踪方法 BACF 在 UAV123 标准跟踪数据集上的目标跟踪精度和成功率统计结果图。可以看出，本章方法采用深度特征跟踪精度为 0.703，跟踪成功率为 0.620，较本章方法采用人工特征分别提高 11.3% 和 10.5%，较本章方法采用单一 HOG 特征分别提高 19.8% 和 16.5%，较基准跟踪方法 BACF 分别提高 22.9% 和 22.5%，因此采用深度特征可以较好地提高目标跟踪的精度和成功率。由于 UAV123 标准跟踪数据集具有更长的跟踪

时长以及更复杂的跟踪情况，所以对目标跟踪的鲁棒性要求更高，而深度特征对目标的特征表征更为全面，在复杂情况下的特征判别力更强，因此可以有效提高目标跟踪的鲁棒性，结合本章时间正则化方法，可以对目标进行更为精准的跟踪，同时深度特征同样达不到目标跟踪的实时性要求，实际应用还需要进一步进行优化。

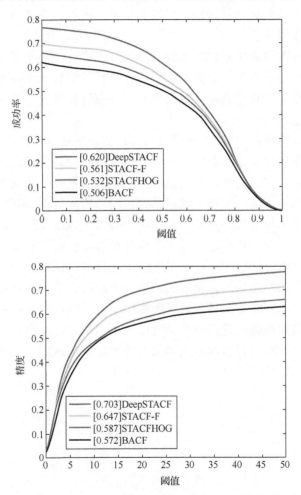

图 11-15　UAV123 跟踪数据集跟踪成功率和跟踪精度评估指标（见彩图）

11.7　本　章　小　结

相关滤波目标跟踪中特征的选择对目标跟踪的鲁棒性有着重要作用，一个在复杂环境下具有较强鲁棒性的目标特征可以提高跟踪方法在复杂环境下的成功率和精度，同时具有旋转不变性的目标特征可以较好地应对目标跟踪中目标旋转等情况。

　　但每种特征都有其在目标跟踪情况中的优势与不足之处，因此融合多种目标特征可以弥补单一特征在部分情况下鲁棒性不足的问题。但特征融合在跟踪过程中，其中一种特征的鲁棒性较差则会影响另外的鲁棒性较好的目标特征，因此本章基于跟踪鲁棒性的自适应特征选择方法，在目标跟踪过程中，通过对特征鲁棒性进行判断，选择鲁棒性强的特征进行跟踪，来避免由某一种特征在部分情况下特征表征的不足导致的跟踪不稳定性。

　　本章方法在标准数据集 OTB100 和 UAV123 上进行，结果表明本章方法基于人工特征较对比方法均取得最优效果，基于深度特征方法较人工特征鲁棒性更强，这是由于深度特征强大的特征表征，说明本章自适应特征选择方法可以有效提高目标跟踪的精度和成功率。

　　在相关滤波目标跟踪中，滤波器模板的线性更新方式导致随着目标跟踪的进行，滤波器模板的鲁棒性将会逐渐降低，不利于目标的长时跟踪问题。针对上述问题，本章在背景感知相关滤波目标跟踪的基础上，提出时空感知相关滤波，在滤波器训练过程中通过时间正则化项来调节滤波器在时间范围的更新，增强时序的感知能力，有效避免了滤波器模板的线性更新，通过扩大搜索区域来增强空间感知能力，利用裁切矩阵获得更多有效训练样本，提高了训练滤波器模板的鲁棒性。

　　通过在标准数据集 OTB100 和 UAV123 上进行对比跟踪实验，结果表明本章方法在两个数据集上的结果均为最优，因此本章方法可以有效提高目标跟踪的性能，在目标受到遮挡、出视野、旋转等长时跟踪因素时，目标跟踪的精度和鲁棒性得到有效提升。对典型跟踪数据进行分析，可以看出本章方法具有较高的鲁棒性。因此本章时空感知相关滤波目标跟踪方法可以有效解决目标跟踪的滤波器模板线性更新问题，提高跟踪的鲁棒性。

第 12 章　长时目标跟踪

12.1　引　　言

目标跟踪中受目标形变、遮挡等因素的影响，容易发生目标的失跟现象。当目标受到遮挡时，目标模板由于学习到大量背景信息，而不能够继续对目标进行持续跟踪。结合检测的目标跟踪方法可以较好地应对目标失跟问题，通过在目标跟踪过程中训练分类器，在目标失跟时利用检测方法重新确定目标位置，达到对目标持续跟踪的目的，目前该方法已经得到广泛应用。

支持向量机由于其非线性、小样本的优势，可以较好地满足目标跟踪中目标信息少的特点，在目标跟踪中已经取得了良好的效果。结合支持向量机目标检测的跟踪方法得到了成功应用，但通常在目标检测过程中采用滑动窗方法搜索目标位置，这就导致计算量大大增加，不能够满足跟踪的实时性要求。Hua[163]等提出通过 EdgeBoxes 提取候选区域方式实现目标跟踪方法。通过图像边缘特性提取目标候选区域，然后确定真实目标。该方法可实现全局目标搜索，而且速度快，但对背景干扰判别力不强，跟踪精度不高。

目标跟踪在实际应用中对速度和长时跟踪能力要求较高，由于目标信息的不断获取，跟踪方法需要对信息进行及时处理从而得到跟踪结果，来保证信息获取的实时有效性，鉴于视频帧频要求，通常认为 24FPS 为满足实时性要求的最低处理速度，同时对目标信息的侦察通常过程较长，只有对目标位置进行精确定位，对目标进行长时间跟踪才能满足实际跟踪任务需求。因此本章将 BACF 作为基准方法，在此基础上加入时间正则化单元提出时空感知相关滤波跟踪方法，在跟踪过程中实时调节目标模板变化，避免跟踪中的模板漂移问题，通过自适应特征选择方法增强特征判别力，以此提高目标跟踪在复杂情况下的鲁棒性，最后通过目标重检测方法，在目标失跟时，重新检测目标位置完成目标的长时跟踪。

目标跟踪的实时性是跟踪的重要指标之一，只有满足实时性要求才具有实际应用价值。针对目标跟踪速度的要求已经有很多数据集和比赛提出相应评价指标来验证实时性性能，为目标跟踪技术的实际应用提供基础。目前，目标跟踪的方法方向有两种，一种是追求跟踪的精度而舍弃部分速度需求，比如结合目标深度特征的方法框架；另一种是追求跟踪的速度要求，对方法框架进行优化以达到快速跟踪的目的。但目标跟踪方法的精度和实时性并非对立，通过框架的改进和优化可以达到两者的统一。

本章提出结合候选区域提取的目标检测方法，首先利用 EdgeBoxes 提取候选的目标区域，然后利用支持向量机对目标进行分类得到最优目标位置，EdgeBoxes 利用图像边缘信息可快速提取候选框区域，因此大大降低了目标搜索的计算量，提高了计算速度，降低背景等复杂情况的干扰。最后提出基于时空感知相关滤波的长时跟踪方法，在基准方法的基础上提高了跟踪的精度和成功率，但速度较基准方法不足，因此为满足方法的实用性要求，提高目标跟踪的速度，结合一维尺度相关滤波器，通过额外的一维尺度滤波器在目标跟踪过程中对目标尺度进行估计，在保证目标跟踪鲁棒性的基础上，提高了目标跟踪的速度。

12.2　EdgeBoxes 候选区域提取

EdgeBoxes 候选区域提取是一种用于提取目标可能区域的目标检测方法，采用候选区域提取方法将目标的可能区域提取出来，以此将候选区域的数量级大大降低，降低滑动窗暴力搜索方法导致的计算量大、耗时长的问题。EdgeBoxes 由于其较高的召回率以及快速性在目标检测中取得良好的检测效果。

EdgeBoxes 候选区域提取方法的主要思想是利用目标边缘信息确定目标候选区域，目标被搜索框包含的可能性可以由被搜索框完全包含的物体轮廓确定，目标搜索框内所包含的完整物体轮廓越多，则其中含有目标的概率越大，而边缘与搜索框相交或不包含情况则是未被目标框包含的目标。由于采用提取速度快的边缘信息来确定目标候选区域，所以该方法提取速度快，同时保持较高的召回率。

如图 12-1 所示，首先通过结构化边缘检测方法对图像提取其边缘特征，由于此时边缘信息较为密集，不利于对目标的轮廓确定，所以采用非最大化抑制（Non-Maximal Suppression，NMS）方法来获得稀疏边缘图像。然后将稀疏的边缘图像聚合以便于下一步对边缘信息进行计算得分。在该过程中，将像素值大于一定阈值的像素点作为边缘点，聚合的具体方法是通过暴力搜索方法，搜索每个边缘点的 8 连通区域，连接方向角度差最小的两个边缘点，然后以此为中心继续搜索，直到方向角度累计差大于 $\pi/2$ 则搜索完毕。通过将边缘点聚合就可将稀疏边缘图像转化为边缘组的集合形式。对于其中一个边缘组 s_i，其是由相似的边缘点组成的集合 P，对于其中一个边缘点其边缘强度表示为 m_p，边缘方向表示为 θ_p，边缘位置为 (x_p, y_p)，则该边缘组的位置 (x_i, y_i) 为所有边缘点集合的平均值，方向 (θ_i, θ_i) 为所有边缘点集合的平均值。

确定边缘组之后，为后续确定搜索框包含的边缘数，先计算两两边缘组的相似度，相似度公式如下

$$\begin{cases} a(s_i, s_j) = \left| \cos(\theta_i - \theta_{ij})\cos(\theta_j - \theta_{ij}) \right|^{\gamma} \\ \theta_{ij} = \arctan\left(\dfrac{y_i - y_j}{x_i - x_j} \right) \end{cases} \tag{12-1}$$

式中，θ_i 表示对应边缘组的平均方向，(x, y) 分别表示边缘组对应的平均位置，γ 用于调整相似度对边缘组方向角变化的敏感度。该相似度反映边缘组之间的相似程度，通常认为边缘组在一条直线上时其相似度最高，其次在方向相差不大的情况下认为其相似度较高。

最后可以通过边缘组和两两相似性计算搜索框内含有目标的可能性。根据边缘组即可确定目标轮廓是否被搜索框所完全包含

$$\omega_b(s_i) = 1 - \max_T \prod_i^{|T|-1} a(t_i, t_{i+1}) \tag{12-2}$$

式中，$\omega_b(s_i) \in [0,1]$ 表示边缘组 s_i 是否被搜索框所完全包含，若边缘组在搜索框的区域外，则其权值为 0，表示该边缘组不会被搜索框包含，若边缘组包含在搜索框的区域内，但与搜索框边界边缘组相似，则该边缘组大概率为其他目标所属，同样没有被搜索框所完全包含，只有边缘组在搜索区域内，且与搜索区域边界边缘组均不相似时，该边缘组才被搜索区域所完全包含，T 表示从一个搜索区域边界边缘组到其他包含的边缘组的路径，目的就是找出所有与边界边缘组不相似的被完全包含的边缘组，由于边界组相似度大多为 0，所以在搜索过程中即可中断，可保证搜索速度。

得到搜索框内所包含的边缘组数后，可针对每个搜索区域计算其得分

$$\begin{cases} h_b = \dfrac{\sum\limits_i \omega_b(s_i) m_i}{2 \cdot (b_w + b_h)^{\kappa}} \\ m_i = \sum\limits_{p \in s_i} m_p \end{cases} \tag{12-3}$$

式中，b_w 表示搜索框的宽，b_h 表示搜索框的高，κ 用来调节，搜索框越大，包含的轮廓数目越多，m_i 表示对应边缘组的边缘像素强度。

最终，通过对边缘图像进行滑动窗来搜索每个区域，计算每个区域的得分，然后通过区域得分大于一定阈值条件可获得最终所有的目标候选区域。该方法是精度较高的基于图像边缘信息的区域提取方法，首先对目标图像进行边缘图像提取，然后根据边界包含的完整目标轮廓和交叉重叠轮廓确定含有目标信息，提取目标候选区域，由于采用纯图像方法，所以目标搜索简单快速。

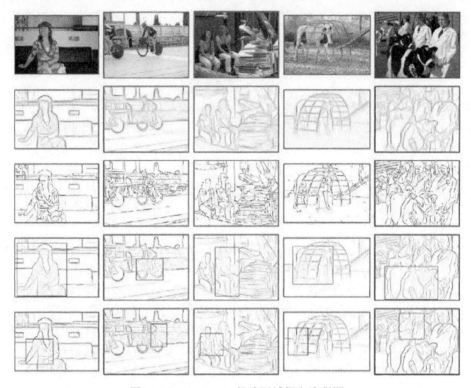

图 12-1　EdgeBoxes 候选区域提取流程图

12.3　结构化支持向量机

传统支持向量机在选择训练样本时，根据样本与目标位置区域重叠率来确定样本标签，当重叠率大于一定阈值则分配正标签，而小于阈值时则分配负标签，然后根据正负标签来训练支持向量，在跟踪过程中将目标跟踪作为二分类问题来确定目标在新一帧图像的位置。但这种训练样本标签分配方式仅利用重叠率信息来分配二进制标签，而没有充分考虑空间结构信息对样本标签的作用，因此在跟踪过程中的样本不准确会降低分类器的准确度。

Ning[164]等将结构化支持向量机运用到目标跟踪中，在样本提取时直接使用样本位置作为结构化标签，然后将目标位置信息引入训练过程，并通过预测函数直接输出连续值从而确定目标，提高了支持向量机跟踪的准确性。结构化支持向量机模型如下

$$\min_{\omega,\varepsilon}\frac{1}{2}\|\omega\|^2 + C\sum_{i,y\neq y_i}\varepsilon_i^y, \quad \text{s.t.} \quad \forall i, \forall y\neq y_i, \langle\omega,\psi_i(y)\rangle \geq L(y_i,y)-\varepsilon_i^y, \quad \forall i,\varepsilon_i \geq 0 \quad (12\text{-}4)$$

式中，ω 表示支持向量，ε 表示引入的松弛向量，$\psi_i(y)=\Phi(x_i,y_i)-\Phi(x_i,y)$，$\Phi(x_i,y_i)$

表示在第 i 帧中目标位置 y 处提取的训练目标特征样本，$L(y_i, y) = \dfrac{y_i \bigcap y}{y_i \bigcup y}$ 表示提取样本位置与目标位置的重叠率。

因此目标跟踪过程就转化为回归问题

$$y^* = \arg\max_{y \in \psi} g(x, y, w) = \arg\max_{y \in \psi} \langle \omega, \Phi(x, y) \rangle \tag{12-5}$$

式中，$g(x, y, w)$ 为评价函数，y 为跟踪输出框，ψ 表示搜索空间，x 为目标特征，w 为支持向量。

12.4　自适应目标重检测

本章目标检测通过结合候选框区域提取策略和支持向量机的分类目标检测策略，在目标发生失跟时，采用目标检测策略重新确定目标位置，避免了滑动窗带来的大量计算，保证了跟踪的实时性和精度。

而结合目标检测的跟踪方法对目标跟踪效果进行判断至关重要，如何在目标发生遮挡或出视野时启动目标检测策略成为关键。

目标响应作为跟踪效果的直接判断条件可以较好地反映实时跟踪的效果，为目标检测提供依据。但是仅仅采用响应峰值作为判断条件具有一定的局限性，而本章置信度指标可以在峰值指标估计不准情况下对目标遮挡等情况进行有效判断，为了综合评价目标跟踪情况，本章结合 APR 和响应峰值提出目标重检测综合置信度指标

$$\mathrm{rob}^f = \mathrm{APR} + \rho \cdot \frac{r_{\max}^f}{r_{\max}^1} \tag{12-6}$$

式中，ρ 表示峰值系数，用于调节置信度指标峰值占比，$r_{\max}^f / r_{\max}^1$ 分别表示目标响应第 f 帧和首帧的响应峰值。

在目标跟踪过程中，当跟踪置信度 rob 突然发生较大下降，则目标极有可能发生遮挡、出视野等失跟现象，此时采用目标检测策略来重新定位目标位置。

刘威[165]等通过固定阈值方法判断是否发生目标遮挡、出视野等跟踪情况，但不同跟踪环境与跟踪目标对阈值设定的要求有差异，因此固定阈值方法对目标跟踪效果判断的广适性受到限制。本章通过历史响应信息与当前帧响应信息来自适应判断目标遮挡、出视野等跟踪困难情况，可提高阈值设定的广适性，目标阈值设置如下

$$T_s = (1 - \delta) \cdot T_s + \delta \cdot \mathrm{rot} \tag{12-7}$$

式中，T_s 表示置信度阈值，δ 表示阈值更新率，rot 表示综合置信度指标。

最终通过历史帧跟踪响应信息与当前帧目标响应信息即可判断是否发生目标遮挡、出视野等情况，采用目标检测机制来重新定位目标位置

$$R_e = \begin{cases} 1, & \text{rot} > T_0 \\ 0, & \text{其他} \end{cases} \tag{12-8}$$

式中，T_0 表示目标检测阈值，由自适应阈值计算得到。

　　针对不同跟踪情况获取其自身的响应置信度，并不断根据跟踪情况进行更新，当响应置信度下降较为明显时，则判断发生目标遮挡等失跟现象，采用目标检测方法对目标进行重新定位。本章所提自适应阈值方法针对每种跟踪情况的历史综合置信度值共同确定跟踪效果，该策略结合了实时跟踪情况和实际跟踪响应置信度，因此针对目标跟踪情况的判断效果更好。在目标检测机制启动后，在目标失跟位置首先采用Edgeboxes 提取候选的目标区域，然后通过结构化支持向量机输出目标重检测位置。

　　由于目标跟踪在帧间目标位移变化具有连续性，所以在跟踪过程中通过最大化检测器输出与最小化空间位置变化来重新确定目标位置

$$\arg\max_i f(\boldsymbol{x}) + \alpha \cdot \exp\left(-\frac{1}{2\sigma^2} \left\| (x_t^i, y_t^i) - (x_{t-1}^i, y_{t-1}^i) \right\|^2 \right) \tag{12-9}$$

$$\text{s.t.} \quad f(\boldsymbol{x}) > T_p \tag{12-10}$$

式中，$f(\boldsymbol{x})$ 表示检测器输出，(x, y) 为目标在相关帧的坐标位置，α 用来调节检测置信度与目标位置置信度，T_p 表示检测器输出阈值，用来矫正检测器输出，如果小于阈值输出为 0。

12.5　自适应目标重检测方法步骤

　　本章基于候选区域提取和支持向量机的自适应目标重检测方法步骤如下。

　　步骤 1　输入目标跟踪影像。输入已知目标影像，获取目标在首帧的中心位置与尺度大小。

　　步骤 2　训练滤波器模板。提取目标特征，按照第 11 章方法流程步骤训练滤波器模板。

　　步骤 3　训练 SSVM。根据目标图像位置、尺度大小训练结构化支持向量机。

　　步骤 4　确定目标位置。提取目标区域多尺度特征，根据步骤 2 训练的目标滤波器模板，由式(11-16)计算目标响应，响应最大值处即为目标预测位置，对应目标尺度即为当前目标最优尺度。

　　步骤 5　目标位置重确定。判断步骤 4 中目标响应是否满足目标检测阈值条件 T_0，如果大于阈值则继续步骤 6，如果小于阈值则按式(12-9)和式(12-10)进行目标检测重新确定目标位置。

　　步骤 6　模型更新。在目标预测位置，以目标尺度估计大小，提取目标融合特

征，训练目标滤波器模板。判断目标响应最大值是否大于分类器更新阈值 T_r，如果大于则更新 SSVM。

步骤 7　阈值更新。按照式(12-7)更新置信度阈值。

步骤 8　继续步骤 4～步骤 8 直至目标跟踪结束。

方法流程如图 12-2 所示。

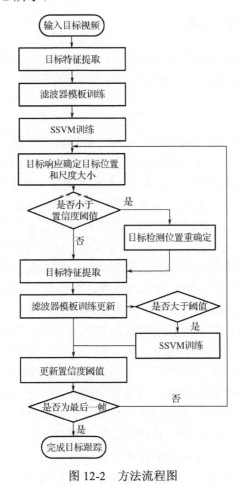

图 12-2　方法流程图

12.6　自适应目标重检测实验与分析

12.6.1　对比实验设置

为验证本章方法的有效性，实验采用对比实验方式。对比实验为本章方法和基准方法 BACF 以及本章方法采用单一 HOG 特征跟踪方法。

12.6.2　数据集

为保证实验对比的客观性，实验在标准跟踪数据集 OTB100 和 UAV123 上进行。实验分别在两个数据集上进行实验，验证方法的综合性能，保证实验结果的客观性。

12.6.3　实验具体参数设置

实验中设置参数阈值更新率 δ 为 0.1，α 设置为 0.1，检测器输出阈值 T_p 为 0.2，目标检测阈值为 $T_0 = 0.6 \cdot T_s$，分类器更新阈值为 $T_r = 0.85 \cdot T_s$。

12.6.4　实验分析

图 12-3 为本章方法与单 HOG 特征跟踪方法以及基准跟踪方法 BACF 在标准数据集上的跟踪结果示例，在此选取跟踪过程中包含目标遮挡等易导致目标失跟现象的典型情况下的跟踪数据进行说明。图 12-3(a) 为 Girl2 跟踪数据，目标在第 103 帧由于行人发生重叠而被完全遮挡，在该过程中对相似目标进行跟踪，在 130 帧目标重新出现时，BACF 和 STACFHOG 由于长时间遮挡而学习到大量背景知识导致模型发生漂移，不能继续对目标进行跟踪，而本章方法结合结构化支持向量机检测跟踪方法可以针对目标遮挡情况存储目标模型信息，在重新出现后继续对目标进行跟踪，保持较高的精度。图 12-3(b) 为跟踪数据，可以看出，目标在 445 帧开始发生遮挡，并有旋转和尺度变化因素产生，因此对目标跟踪的鲁棒性要求较高，在 460 帧 STACFHOG 由于目标部分遮挡对目标的判别力下降，导致不能够对目标进行继续跟踪，在第 485 帧时目标重新出现，由于采用时间正则化项，在一定程度上避免目标模板对背景信息进行更新，在目标重新出现在视野中时，可以重新对目标进行跟踪，而 BACF 由于采用固定更新率更新目标模板在一定时间内目标变化较小情况下可以继续对目标进行跟踪，当目标受到长时间遮挡，目标模板信息由于以一定速率学习到背景信息，在 485 帧继续对遮挡物进行跟踪，发生失跟现象，而本章方法对目标进行跟踪情况检测，在失跟情况下对目标进行重定位，可完成对目标的持续跟踪。图 12-3(c) 为 Panda 跟踪数据，目标在第 136 帧发生旋转、遮挡和形变等跟踪困难因素，由于单一 HOG 特征在目标形变明显情况下特征判别力不够，目标的形变较为剧烈，所以 STACFHOG 自适应调节模型更新率不能满足形变需求，导致目标发生失跟，而 BACF 以一定的更新率进行模型更新，但在跟踪过程中不能够满足目标旋转等跟踪困难情况，跟踪准确性严重下降，STACF-D 由于采用检测方法，在目标失跟或跟踪严重失准时对目标进行重新定位，重新确定目标位置对目标进行持续跟踪。

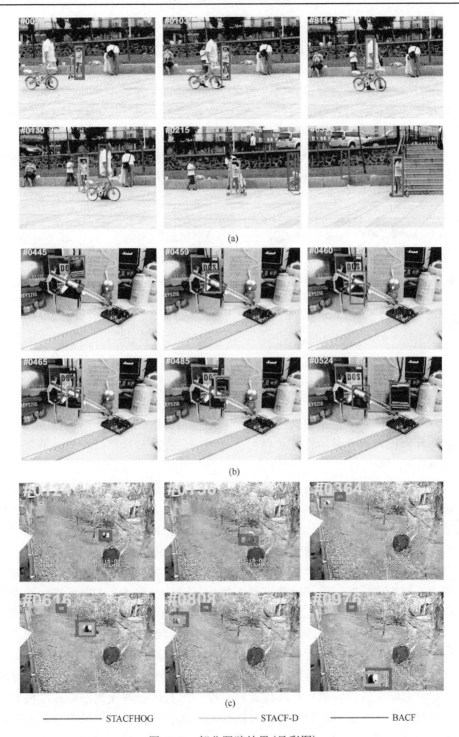

图 12-3　部分跟踪结果（见彩图）

12.7　长时目标跟踪框架及目标尺度估计

针对目标跟踪的长时跟踪问题，为进一步提高目标跟踪的鲁棒性，本章提出时空感知相关滤波长时目标跟踪方法，方法流程如图 12-4 所示。在相关滤波器模板训练阶段，采用时空感知相关滤波方法，通过时间正则化增强滤波器模板的时空感知能力，通过历史模板与当前跟踪情况来调节滤波器模板更新，避免了滤波器模板固定更新率更新导致的模板漂移问题，提高针对不同情况下的跟踪鲁棒性。

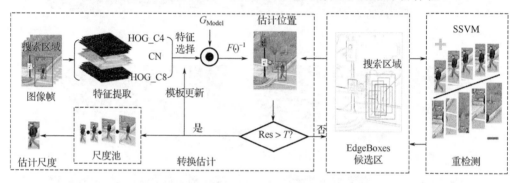

图 12-4　本章方法流程图

在滤波器模板训练的目标特征选择上，为满足目标跟踪的速度需求，本章采用多层 HOG 特征和 CN 特征融合的方式，通过在目标跟踪过程中对特征鲁棒性进行判断，选择特征判别力强的特征对目标进行跟踪，提高目标跟踪在复杂背景下的跟踪成功率。

在长时跟踪中，常见由目标被遮挡等导致目标失跟现象，为提高目标失跟后的目标跟踪成功率，同时保证目标检测的速度，在目标失跟时，首先通过候选区域提取策略，提取出可能的目标位置区域，然后采用结构化支持向量机重新确定目标位置。通过自适应目标重检测策略进一步增强了目标失跟重检测的广适性。

为进一步提升目标跟踪方法在实际应用中的跟踪速度，通过在位置相关滤波器的基础上，增加额外的一维尺度滤波器对目标尺度进行估计，在保证跟踪精度的同时，降低了计算量，进一步提高跟踪的速度。实验在标准数据集上进行，结果表明，本章时空感知相关滤波目标跟踪方法综合性能均达到最优，在实际跟踪数据上同样可以针对目标遮挡等情况进行高精度的跟踪，同时跟踪速度达到实时性要求。

背景感知相关滤波目标跟踪方法在确定目标位置时，通过提取不同尺度目标特征，根据目标响应值同时确定目标位置和尺度，但尺度设置受到跟踪速度限制，因此对目标尺度变化不敏感，同时为提高跟踪的鲁棒性，通常采用融合特征方法，在提取多尺度特征时将会导致较大的速度损失。

　　由于目标跟踪过程中通常位置变化大于目标尺度变化，所以在确定目标位置后，通过额外的一维尺度相关滤波器构建目标尺度池可以对目标尺度进行较为准确的估计，并且计算量较小，跟踪速度快，且可设置较多的目标尺度池对目标尺度进行精准估计。尺度池设置如下

$$SW \times SH \tag{12-11}$$

$$S = \left\{ s \middle| s = a^n, \quad n = \left[-\frac{N-1}{2}, -\frac{N-3}{2}, \cdots, \frac{N-1}{2} \right] \right\} \tag{12-12}$$

式中，W 和 H 表示目标特征的宽和高，$N = 33$ 表示目标尺度数，$a = 1.02$ 表示尺度步长。

　　通过上述方法构造的一维尺度相关滤波器，通过提取的目标 HOG 特征来确定尺度变化，但通常目标特征维数 $d > 500$，导致计算量较大，而目标尺度池维数 $N = 33$，因此目标特征矩阵的秩小于或等于目标尺度数，即 $\mathrm{rank}(x) \leqslant N$，可通过 QR 分解将尺度特征降维到与尺度池数目相等来实现目标特征降维，得到目标特征为

$$\hat{F}_x = \mathscr{F}\{Q_x x\} \tag{12-13}$$

　　对于训练样本 x 和预测样本 z 可同样求取映射矩阵实现特征降维，同时可通过下式来求解原始目标尺度特征

$$\tilde{x} = Q_x^{\mathrm{T}} x \tag{12-14}$$

$$\tilde{z} = Q_z^{\mathrm{T}} z \tag{12-15}$$

　　因此可实现目标特征无损降维，提高尺度估计速度。为实现较为精准的尺度估计，进一步提高目标跟踪的速度，通过设置尺度池为 $N_r = 17$ 来计算目标尺度响应，然后通过插值将目标尺度数插值为 $N = 33$，在保证高尺度估计精度的同时，降低了计算量，提高了目标跟踪的速度。

12.8　长时目标跟踪方法步骤

　　本章时空感知相关滤波长时目标跟踪方法步骤如下。

　　步骤 1　输入目标跟踪影像。输入已知目标影像，获取目标在首帧的中心位置与尺度大小。

　　步骤 2　训练滤波器模板。提取目标融合特征，按照第 11 章方法流程步骤分别训练融合特征的滤波器模板，提取目标 HOG 特征训练尺度滤波器模板，保存滤波器模板信息，用于后续帧滤波器模板训练。

　　步骤 3　训练 SSVM。根据目标图像位置、尺度大小训练结构化支持向量机。

步骤 4 特征选择。根据式(12-6)分别计算融合特征的置信度 APR 值，选取置信度最大的目标特征，作为目标特征进行提取。

步骤 5 确定目标位置。提取步骤 4 中确定的目标特征，根据步骤 2 训练的对应特征的目标滤波器模板，由式(11-16)计算目标响应，响应最大值处即为目标位置。

步骤 6 目标尺度估计。在步骤 5 目标位置处，按照式(12-11)和式(12-12)构造目标尺度池，提取目标 HOG 特征，通过额外的一维尺度滤波器确定目标尺度。

步骤 7 目标位置重确定。判断步骤 4 中目标响应是否满足目标检测阈值条件 T_0，如果大于阈值则继续步骤 8，如果小于阈值则按式(12-9)和式(12-10)进行目标检测重新确定目标位置。

步骤 8 模型更新。在目标预测位置，以目标尺度估计大小，提取目标融合特征，训练目标滤波器模板。判断目标响应最大值是否大于分类器更新阈值 T_r，如果大于则更新 SSVM。

步骤 9 阈值更新。按照式(12-7)更新置信度阈值。

步骤 10 继续步骤 4～步骤 8 直至目标跟踪结束。

12.9 长时目标跟踪实验与分析

12.9.1 实验数据

为充分验证本章方法的有效性与实用性，对目标跟踪方法进行较为全面的评价，本章采用两种实验数据对跟踪方法进行验证。

(1)跟踪标准实验数据集。采用标准实验数据集 OTB100 和 UAV123 对目标跟踪方法性能进行评估，数据集均经过人工标注目标框，以便对目标跟踪结果进行定量评价，每个数据集分别包含 11 种和 12 种目标跟踪困难因素量化评估指标，有利于对跟踪方法进行全面的对比，以验证跟踪方法的优势与劣势，全面量化跟踪方法性能指标，验证方法的泛化能力。

(2)实际采集实验数据。为验证本章跟踪方法的实际跟踪效果，对方法进行定性分析，实验针对在实际环境下采集的跟踪数据进行跟踪方法测试，对目标跟踪方法实际跟踪性能进行分析。

12.9.2 对比实验设置

为验证本章方法的有效性，实验采用对比实验方式。为充分说明本章方法与其他方法对比性,本章方法与对比方法 MEEM[166]、KCF[145]、SAMF_AT[167]、SRDCF[152]、ECO-HC[153]、BACF[157]、Staple_CA[147]、LCT[168]、MUSTER[169]、DSST[170]进行对

比。上述对比方法均为近年跟踪效果优秀的跟踪方法,因此实验具有对比性,可以较好地说明本章方法的有效性。

12.9.3　实验设置

实验参数设置尺度估计特征为单元大小为 4 的 HOG 特征,压缩特征维数为 17,插值特征维数为 33。

12.9.4　定量分析

1. OTB100 跟踪数据集

图 12-5 为本章方法 STACF 和其他对比跟踪方法在 OTB100 标准跟踪数据集上的目标跟踪精度和成功率评估统计图。可以看出,本章在该数据集上的目标跟踪成功率和精度分别为 0.664 和 0.873,较基准方法 BACF 的目标跟踪成功率提高 8.0%,目标跟踪精度提高 7.0%,与其他对比方法相比,在目标跟踪成功率和目标跟踪精度上,在该数据集上均达到最优效果,这是由于本章方法钊对相关滤波目标跟踪方法突出问题边界效应、模型更新、目标特征和目标遮挡上进行改进,通过裁切矩阵获取更多目标有效训练样本,增大搜索区域,增加训练样本数来进一步降低边界效应的影响,通过时间正则化避免模型固定更新率更新导致的模型漂移问题,降低由初始目标信息权重降低带来的影响,通过自适应特征选择将目标在多种情况下的特征判别力提高,增强目标跟踪的鲁棒性,针对目标遮挡情况下的目标跟踪情况,通过目标重检测方法在目标失跟时重新定位目标位置,继续对目标进行跟踪,因此本章方法可以在目标跟踪中保证跟踪精度和鲁棒性,跟踪性能评测达到最优结果。

图 12-6 为本章方法 STACF 与其他对比跟踪方法在 OTB100 标准跟踪数据集上的目标跟踪在目标发生遮挡、目标出视野等 11 种跟踪困难情况下的跟踪成功率结果

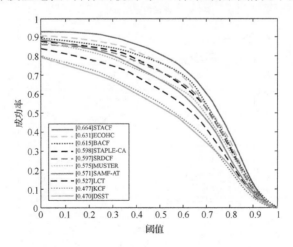

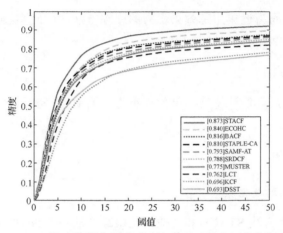

图 12-5　OTB100 跟踪数据集跟踪成功率和跟踪精度评价指标(见彩图)

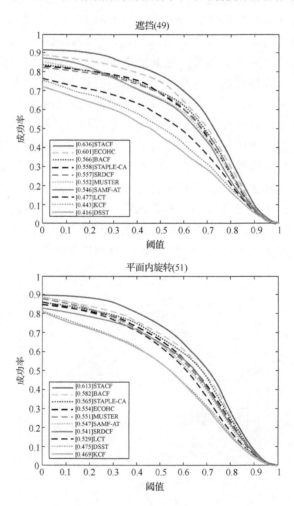

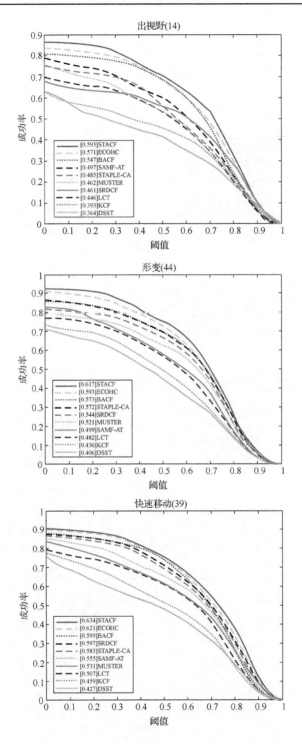

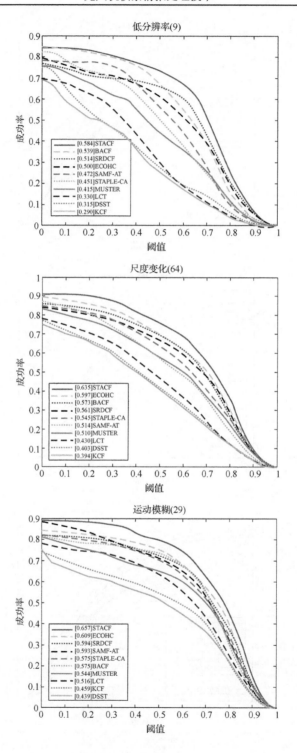

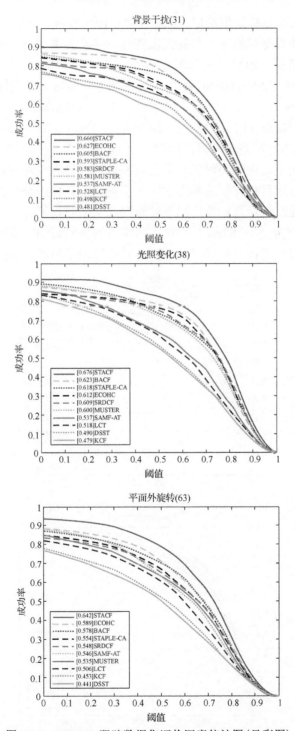

图 12-6　OTB100 跟踪数据集评价因素统计图（见彩图）

统计图。本章方法在目标发生遮挡、目标发生平面内旋转、目标出视野、目标形变、目标快速移动、图像低分辨率、目标尺度变化、运动模糊、背景干扰、光照变化和目标平面外旋转情况下的跟踪成功率分别为 0.636、0.613、0.593、0.617、0.634、0.584、0.635、0.657、0.660、0.676、0.642，较基准方法 BACF 分别提高 12.4%、5.3%、8.4%、7.7%、5.8%、8.3%、10.8%、14.2%、9.1%、8.5%和 17.0%，较 SRDCF 解决边界效应方法分别提高 14.2%、13.3%、28.6%、13.4%、6.2%、13.6%、13.2%、10.6%、13.2%、11.0%和 17.2%，在 11 种评估准则下，本章方法性能均优于其他目标跟踪方法。因此本章时间正则化框架可以有效提高相关滤波目标跟踪方法在上述情况下的跟踪成功率，自适应目标特征选择方法进一步提高了目标跟踪的鲁棒性，目标重检测方法可以有效提高目标遮挡等情况下的跟踪成功率和精度。

如图 12-7 为本章方法 STACF 与对比跟踪方法在 OTB100 标准跟踪数据集上的目标跟踪在目标发生遮挡、目标出视野等 11 种跟踪困难情况下的跟踪精度结果统计

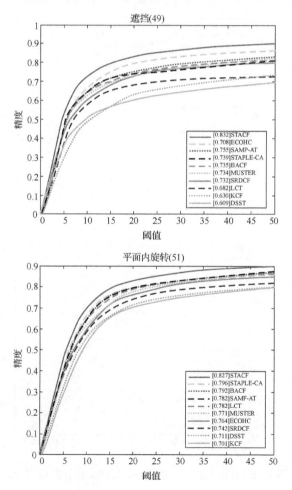

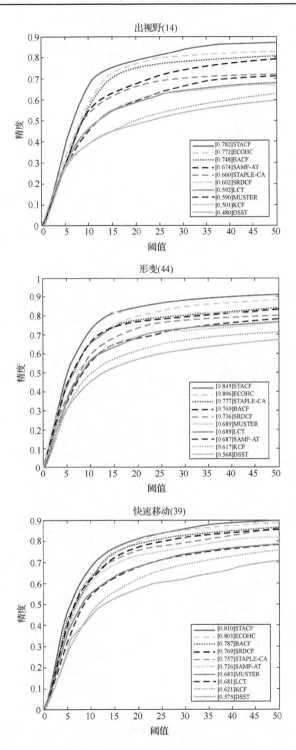

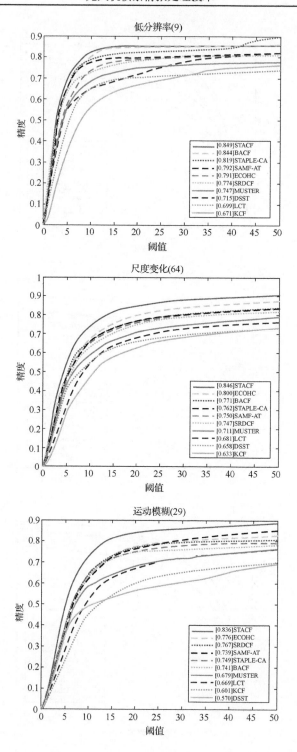

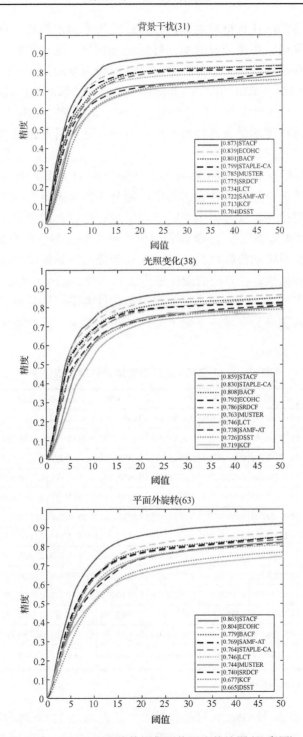

图 12-7　OTB100 跟踪数据集评价因素统计图（见彩图）

图。如图所示本章方法在目标发生遮挡、目标发生平面内旋转、目标出视野、目标变形、目标快速移动、图像低分辨率、目标尺度变化、运动模糊、背景干扰、光照变化和目标平面外旋转情况下的目标跟踪精度分别为 0.832、0.827、0.782、0.845、0.810、0.849、0.846、0.836、0.873、0.859、0.863，较基准方法提高 13.2%、4.4%、4.5%、9.9%、2.9%、0.1%、9.7%、12.8%、9.0%、6.3%和10.8%，在 11 种评估准则下，本章方法跟踪精度均优于其他目标跟踪方法，达到目前跟踪方法最优。其原因与目标跟踪成功率相同。

表 12-1 为跟踪方法在 OTB100 标准数据集上对 11 种跟踪困难因素，分类目标跟踪成功率和精度评价指标统计表。其中，括号中数字表示含有该跟踪因素的总的跟踪数据数量，对应指标前者表示跟踪成功率统计指标，后者表示跟踪精度统计指标。由表可得本章跟踪方法在 11 类跟踪评价指标上综合得分均为最优，因此本章方法可有效提高目标跟踪的鲁棒性，并且可以有效提高目标跟踪在多种困难因素情况下的跟踪成功率和精度。在方法的跟踪速度上，本章方法平均跟踪速度为 27.8FPS，较基准方法 BACF 提高 30.5%，满足跟踪的实时性要求。这是由于本章时间正则化方法可以在未引入额外计算量的基础上提高了跟踪效果，同时避免了模型更新导致的耗时。

表 12-1 OTB100 跟踪数据集评估指标统计表

	STACF	ECOHC	BACF	STAPLE_CA	SRDCF	SAMF_AT	MUSTER	KCF	DSST
IV(38)	**0.676/0.859**	0.612/0.792	0.623/0.808	0.618/0.830	0.609/0.786	0.537/0.738	0.600/0.783	0.479/0.719	0.490/0.726
SV(64)	**0.635/0.846**	0.597/0.800	0.573/0.771	0.545/0.762	0.561/0.747	0.514/0.750	0.510/0.711	0.394/0.633	0.403/0.658
OCC(49)	**0.630/0.832**	0.601/0.798	0.566/0.735	0.558/0.739	0.557/0.732	0.546/0.755	0.552/0.734	0.443/0.630	0.416/0.609
DEF(44)	**0.617/0.845**	0.593/0.806	0.573/0.769	0.572/0.777	0.544/0.736	0.499/0.687	0.521/0.689	0.436/0.617	0.406/0.568
MB(29)	**0.657/0.836**	0.609/0.775	0.575/0.741	0.575/0.749	0.594/0.767	0.593/0.759	0.544/0.679	0.459/0.601	0.439/0.570
FM(39)	**0.634/0.810**	0.621/0.803	0.599/0.787	0.583/0.757	0.597/0.769	0.555/0.726	0.531/0.683	0.459/0.621	0.427/0.575
IPR(51)	**0.613/0.827**	0.554/0.764	0.582/0.792	0.565/0.796	0.541/0.742	0.547/0.782	0.551/0.774	0.469/0.701	0.475/0.711
OPR(63)	**0.642/0.863**	0.589/0.804	0.578/0.779	0.554/0.764	0.548/0.740	0.546/0.769	0.535/0.744	0.453/0.677	0.441/0.665
OV(14)	**0.593/0.782**	0.571/0.772	0.547/0.748	0.485/0.666	0.461/0.602	0.497/0.674	0.462/0.590	0.393/0.501	0.364/0.480
BC(31)	**0.660/0.873**	0.627/0.839	0.605/0.801	0.593/0.799	0.5830.775	0.537/0.722	0.581/0.785	0.498/0.713	0.481/0.704
LR(9)	**0.584/0.849**	0.500/0.791	0.539/0.844	0.451/0.819	0.514/0.774	0.472/0.792	0.415/0.747	0.290/0.671	0.315/0.715
Avg(100)	**0.664/0.873**	0.631/0.840	0.615/0.816	0.598/0.810	0.597/0.788	0.571/0.793	0.575/0.775	0.477/0.696	0.470/0.693
Avg(100)/FPS	27.8	40.5	21.3	30.5	4.2	5.8	2.2	124.2	18.7

2. UAV123 跟踪数据集

图 12-8 为本章方法 STACF 与对比跟踪方法在 UAV123 标准跟踪数据集上的目标跟踪精度和成功率统计结果图。可以看出，在对比目标跟踪方法中，本章方法在

UAV123 标准数据集上综合评价指标得分为最高，目标跟踪成功率和精度分别为 0.556 和 0.638，较基准方法 BACF 分别提高 7.0%和 11.5%，其原因与 OTB100 标准数据集上相同。

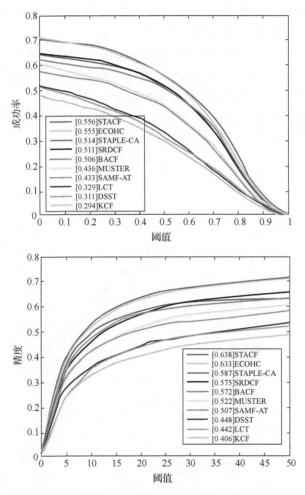

图 12-8　UAV123 跟踪数据集跟踪成功率和跟踪精度评估指标（见彩图）

图 12-9 为本章方法 STACF 与对比跟踪方法在 UAV123 标准跟踪数据集上的目标跟踪在目标发生遮挡、目标出视野等 12 种跟踪困难情况下的跟踪成功率结果统计图。本章方法在纵横比变化、低分辨率、快速移动、目标被全部遮挡、目标被部分遮挡、目标出视野、背景干扰、光照变化、视角变化、相机运动、相似目标干扰和目标尺度变化情况下的目标跟踪成功率分别为 0.423、0.344、0.383、0.288、0.470、0.465、0.396、0.424、0.460、0.545、0.575、0.507，较基准方法 BACF 提高 6.8%、17.4%、16.6%、41.9%、21.4%、24%、18.9%、14.9%、12.5%、12.8%、8.9%和 11.2%，

在 12 种评估准则下,本章方法在其中 9 种评估准则下跟踪精度优于其他对比目标跟踪方法,在目标角度变化、目标快速移动和背景干扰 3 种评估指标下为次优,较 ECO 低,而优于其他目标跟踪方法，在该数据集上的综合目标跟踪精度和成功率均为最优，因此本章方法在综合性能上是对基准方法的有效改进，采用自适应特征选择和目标重检测方法进一步提高了目标跟踪方法的性能。

图 12-10 为本章方法 STACF 与对比跟踪方法在 UAV123 标准跟踪数据集上的目标跟踪在目标发生遮挡、目标出视野等 12 种跟踪困难情况下的跟踪成功率结果统计图。如图所示本章方法在纵横比变化、低分辨率、快速移动、目标被全部遮挡、目标被部分遮挡、目标出视野、背景干扰、光照变化、视角变化、相机运动、相似目标干扰和目标尺度变化情况下的目标跟踪成功率分别为 0.534、0.519、0.493、0.459、

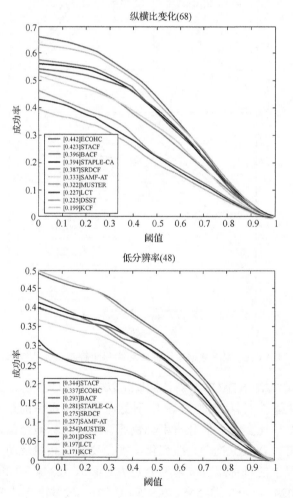

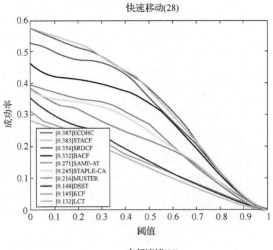

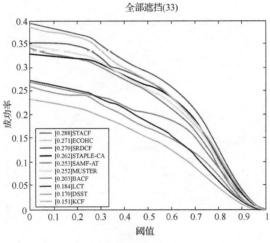

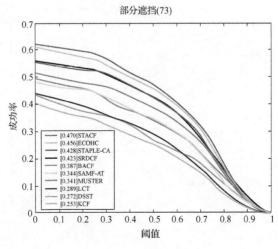

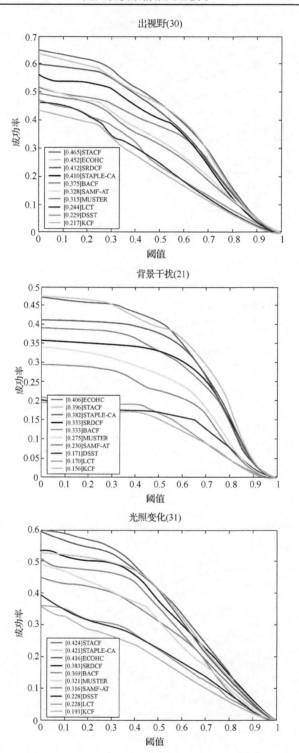

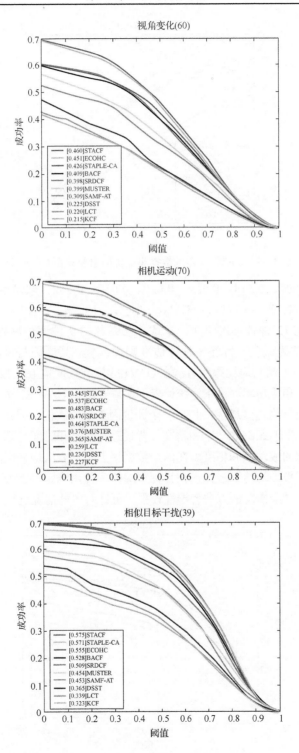

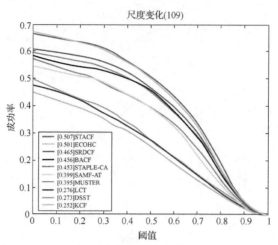

图 12-9　UAV123 跟踪数据集评价因素统计图（见彩图）

0.576、0.537、0.507、0.514、0.559、0.620、0.657、0.592，较基准方法 BACF 提高 11.7%、20.4%、21.1%、36.6%、23.3%、27.6%、19.3%、19.5%、13.8%、16.5%、8.6%和12.8%，在 12 种评估准则下，本章方法在其中 9 种评估准则下跟踪成功率较其他目标跟踪方法为最优，另外 3 种评估准则为次优，其原因与目标跟踪精度相同。

　　表 12-2 为本章方法与对比跟踪方法在 UAV123 标准数据集上对 12 种跟踪困难因素，分类目标跟踪精度和成功率评价指标统计表。本章方法在 UAV123 跟踪数据集上分类因素 9 个评估因素指标均达到最优，其余 3 个评价因素上为次优，因此本章方法可提高目标跟踪在多种情况下的跟踪成功率和精度，背景感知策略和时间正则化策略有效提高了相关滤波目标跟踪的成功率和精度。在两个数据集上本章方法均采用同样模型参数，本章方法在两个数据集上均达到最优，在目标跟踪的多种困难因素上表现优秀，因此本章方法针对目标跟踪复杂情况的方法鲁棒性较强，可针对多种情况进行有效跟踪。

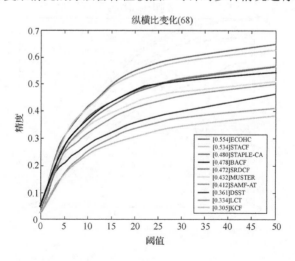

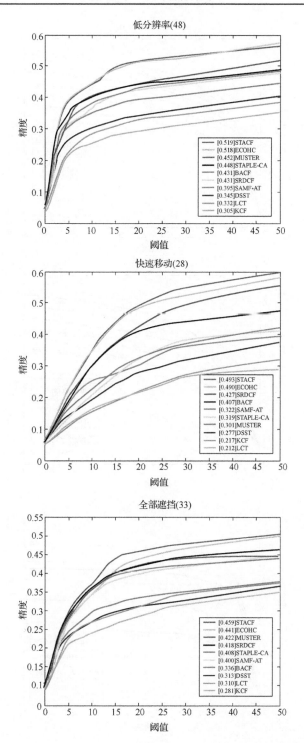

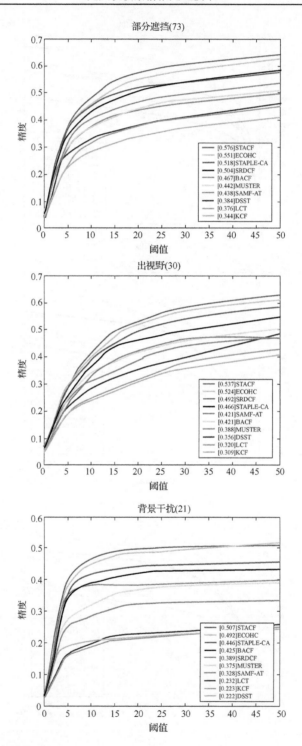

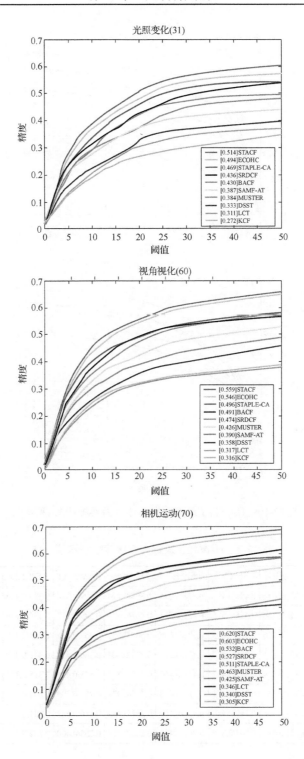

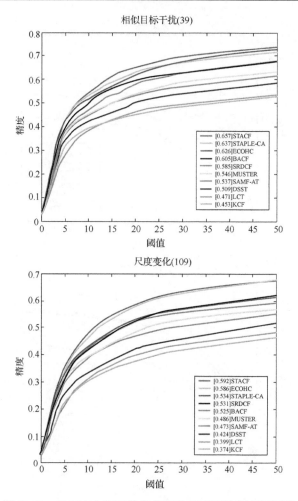

图 12-10　UAV123 跟踪数据集评价因素统计图（见彩图）

表 12-2　UAV123 跟踪数据集评估指标统计表

	STACF	ECOHC	BACF	STAPLE_CA	SRDCF	SAMF_AT	MUSTER	KCF	DSST
VC(60)	**0.460/0.559**	0.451/0.546	0.409/0.491	0.426/0.496	0.398/0.474	0.309/0.390	0.339/0.426	0.215/0.316	0.225/0.358
SV(109)	**0.507/0.592**	0.501/0.586	0.456/0.525	0.453/0.534	0.465/0.531	0.399/0.473	0.395/0.486	0.252/0.374	0.273/0.424
SO(39)	**0.575/0.657**	0.555/0.626	0.528/0.605	0.571/0.637	0.509/0.585	0.453/0.537	0.454/0.546	0.323/0.453	0.365/0.509
PO(73)	**0.470/0.576**	0.456/0.551	0.387/0.467	0.428/0.518	0.423/0.504	0.344/0.438	0.341/0.442	0.253/0.344	0.272/0.384
OV(30)	**0.465/0.537**	0.452/0.524	0.375/0.421	0.410/0.466	0.432/0.492	0.328/0.421	0.315/0.388	0.217/0.309	0.229/0.356
LR(48)	**0.344/0.519**	0.337/0.518	0.293/0.431	0.281/0.448	0.275/0.431	0.257/0.395	0.254/0.452	0.171/0.305	0.201/0.345
IV(31)	**0.424/0.514**	0.416/0.494	0.369/0.430	0.421/0.469	0.383/0.436	0.316/0.387	0.321/0.384	0.193/0.272	0.228/0.333
FO(33)	**0.288/0.459**	0.271/0.441	0.203/0.336	0.262/0.408	0.270/0.418	0.253/0.400	0.252/0.422	0.151/0.281	0.170/0.313

续表

	STACF	ECOHC	BACF	STAPLE_CA	SRDCF	SAMF_AT	MUSTER	KCF	DSST
FM(28)	0.383/**0.493**	**0.387**/0.490	0.332/0.407	0.245/0.319	0.354/0.427	0.271/0.322	0.216/0.301	0.145/0.217	0.148/0.277
CM(70)	**0.545/0.620**	0.537/0.603	0.483/0.532	0.464/0.511	0.476/0.527	0.365/0.425	0.376/0.463	0.227/0.305	0.236/0.340
BC(21)	0.396/**0.507**	**0.406**/0.492	0.333/0.425	0.382/0.446	0.333/0.389	0.230/0.328	0.275/0.375	0.156/0.223	0.171/0.222
ARC(68)	0.423/0.534	**0.442/0.554**	0.396/0.478	0.394/0.480	0.387/0.472	0.333/0.412	0.322/0.432	0.199/0.305	0.225/0.361
Avg(123)	**0.556/0.638**	0.555/0.633	0.506/0.572	0.514/0.587	0.511/0.575	0.433/0.507	0.436/0.522	0.294/0.406	0.311/0.448

12.9.5　定性分析

1. 标准跟踪数据集

图 12-11 为本章方法 STACF 与对比跟踪方法采用人工特征在 OTB100 标准数据集上的跟踪结果，在此选取跟踪过程中包含目标旋转、目标遮挡等情况下的典型跟踪数据进行说明。上方子图表示跟踪方法在当前数据集上的跟踪结果区域框显示，下方子图为在该数据集上各跟踪方法跟踪结果框与标注的背景框在每一帧中的重叠率，计算方法如式 (2-12) 所示。图 12-11 (a) 为 Basketball 跟踪数据，目标在第 8 帧发生目标遮挡和形变，由于模板的线性更新，BACF 方法模型发生严重漂移，在第 490 帧发生失跟，由目标的连续形变导致的模型漂移，LCT 方法对目标的尺度变化估计严重偏移，STAPLE_CA 在 642 帧发生失跟，本章方法、SRDCF 和 ECOHC 可以对目标进行持续跟踪，由图 12-11 (a) 可以看出本章方法跟踪精度始终保持在较高水平；图 12-11 (b) 为 Human5 跟踪数据，目标在第 175 帧发生部分遮挡和背景干扰，由特征的分辨力问题导致 LCT 不能对目标继续进行跟踪，其余方法均可对目标进行持续跟踪，但本章方法对目标的尺度估计和位置估计更为准确。图 12-11 (c) 为 Human6 跟踪数据，在第 230 帧由目标连续的尺度变化导致 LCT 方法不能够对目标进行持续跟踪，在第 348 帧目标发生遮挡，当目标重新出现时其余方法可以继续对目标进行跟踪，但由于模型的持续更新，在第 752 帧时 SRDCF 方法发生失跟，STAPLE_CA 模型发生漂移导致目标跟踪鲁棒性较差，本章方法采用时间正则化方法可有效防止模型的漂移，ECOHC 方法由于采用稀疏模型更新策略，降低了模型的漂移，可完成对目标的持续跟踪。图 12-11 (d) 为 Lemming 跟踪数据，目标在第 338 帧发生遮挡，完全超出视野范围，再次出现时由模板漂移导致 STAPLE_CA 和 SRDCF 方法发生失跟，BACF 在第 1058 帧由目标的旋转和模型漂移导致失跟，跟踪过程中由于 LCT 采用目标重检测方法可继续对目标进行跟踪，但由于长时的模型漂移，在第 1283 帧时发生失跟，本章方法可持续对目标进行跟踪并始终保持较高的跟踪精度。图 12-11 (d) 为 Redteam 跟踪数据，目标在跟踪过程中发生遮挡、形变和尺度变化，LCT 和 STAPLE_CA 由于目标的连续尺度变化和背景干扰，对目标的

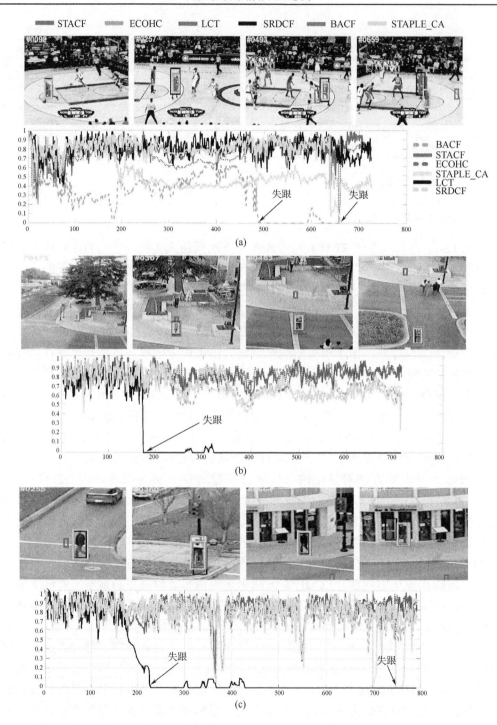

(a)

(b)

(c)

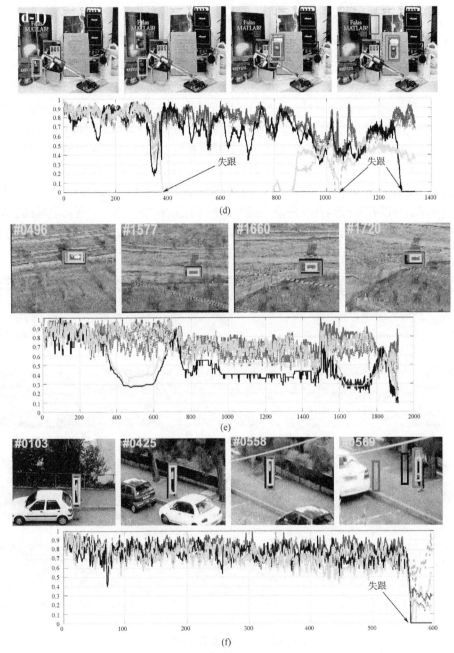

图 12-11　部分跟踪结果（见彩图）

尺度估计不准确，本章方法保持较高的跟踪精度。图 12-11（f）为 Woman 跟踪数据，目标发生遮挡、形变和尺度变化，本章方法的正则化方式可有效降低遮挡过程中模型的漂移，提高跟踪的精度。

2. 实际跟踪数据

图 12-12 为本章系统实际应用目标跟踪结果图。图 12-12(a) 为行人跟踪，目标发生形变、旋转、部分遮挡等跟踪难点问题，图 12-12(b) 为非机动车辆跟踪，目标发生形变、部分遮挡、严重背景干扰、低分辨率等跟踪难点问题，图 12-12(c) 为机动车辆跟踪，目标发生旋转、部分遮挡、出视野、严重背景干扰等跟踪难点问题，图 12-12(d) 为行人跟踪，目标发生形变、旋转、部分遮挡、出视野以及跟踪目标较小等跟踪难点问题。可以看出，本章方法在实际系统应用中可以对图 12-12(a)～(d)等难点问题目标跟踪情况进行较好的跟踪。时空感知相关滤波长时目标跟踪方法在提高跟踪精度的同时保证了跟踪的速度，采用目标重检测策略可以有效解决目标遮挡时跟踪问题，采用自适应特征选择方法可以有效提高目标背景干扰等问题下的跟踪鲁棒性，实现对目标的精确和鲁棒的跟踪。本章方法针对跟踪数据的跟踪速度为 19.3FPS、19.8FPS、21.0FPS 和 36.2FPS，平均跟踪速度为 24.1FPS，在实际跟踪中可以达到跟踪的实时性要求。

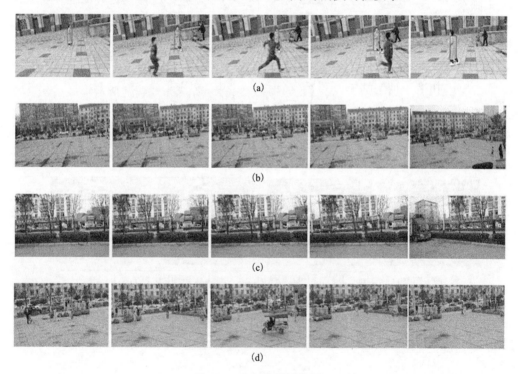

图 12-12　实际跟踪结果

12.10　本章小结

在长时目标跟踪任务中，由目标遮挡、目标旋转等导致的失跟问题是一种常见的失跟现象，而基于检测的目标跟踪方法，通过对目标跟踪状态进行判断，在目标遮挡导致的失跟后，利用检测方法重新定位目标位置，继续对目标进行跟踪是一种有效的跟踪策略。

支持向量机的目标检测方法在目标跟踪中得到成功应用，取得了不错的效果，但由于传统目标滑动窗搜索方法计算量大，目标跟踪速度慢。本章提出结合候选区域提取与结构化支持向量机结合的目标跟踪方法，可以在目标失跟时通过候选区域提取快速确定可能的目标区域，然后利用结构化支持向量机确定目标位置。该方法可以提高在目标搜索时目标跟踪的速度。

目标检测策略的重要一环是检测阈值设置，通常采用固定阈值方法来确定是否进行目标重检测，但不同跟踪情况的阈值设定差异较大，因此本章提出自适应目标重检测阈值方法，通过当前跟踪置信度信息与跟踪目标的历史置信度，来判断是否进行目标重检测，提高了阈值设定的广适性。实验在标准数据集上进行，通过对典型的目标遮挡等情况下的目标跟踪，本章方法可在目标失跟时成功对目标进行重检测，对目标进行持续跟踪，并保持较高的跟踪鲁棒性，同时保证了目标跟踪的速度。

然后针对目标跟踪侦察任务中的长时目标跟踪任务需求，以时空感知相关滤波为跟踪框架，避免了模板的线性更新导致的模型漂移问题，提高了多种情况下的跟踪鲁棒性，结合自适应特征选择方法来提高特征判别力，利用支持向量机方法在目标失跟后重新定位目标位置，最终达到对目标的长时并且较为精确的跟踪，为满足跟踪实时性要求，通过一维尺度相关滤波器来对目标尺度进行估计，在保证跟踪精度的同时，提高了跟踪速度。

实验在标准数据集 OTB100 和 UAV123 上进行，结果表明本章策略较现有跟踪方法的基础上提高了目标跟踪的成功率和精度，并且跟踪速度满足实时性要求，在实际跟踪数据上进行实验，验证了本章方法可以对实际应用情况进行有效跟踪，并且满足实时性要求，说明了本章方法具有一定的实际应用价值。

本 篇 小 结

目标跟踪技术对于监视战场重要动态目标的机动路线、分析敌情动向有着重要的意义。本篇对基于相关滤波方法的目标跟踪方法进行研究，首先对目标跟踪的背景与意义进行介绍，研究了目标跟踪广泛使用的四种跟踪方法。然后介绍了目标跟踪中的相关滤波跟踪方法，对在边界效应问题上的改进方案、背景感知相关滤波目标跟踪方法进行详细介绍，并提出进一步改进策略。最后介绍了国际上广泛使用的跟踪数据集 OTB100 和 UAV123，并对跟踪方法性能评价指标进行介绍，对跟踪性能进行定量客观地评价。

本篇的主要内容总结如下。

(1)针对相关滤波目标跟踪滤波器模板固定更新率线性更新在长时间目标跟踪中容易发生模型漂移的问题，另外固定更新率不能够适应跟踪的多种情况，在 BACF 的基础上提出时空感知相关滤波，通过在滤波器模板训练过程中加入时间正则化单元来根据实时跟踪情况调整滤波器模板的更新，避免了滤波器模板的线性更新，增强了目标跟踪的鲁棒性。

(2)针对单一 HOG 特征在目标跟踪复杂情况下鲁棒性不强的问题，提出自适应特征选择方法。结合不同分层 HOG 特征信息和 CN 特征，在跟踪过程中通过实时特征置信度来自适应选择鲁棒性强的特征，增强目标跟踪在多种情况下的跟踪精度和成功率，并结合深度特征，利用深度特征对目标的强大的特征表征能力进一步提高了目标跟踪的鲁棒性。

(3)针对长时跟踪中由目标遮挡、出视野等造成的目标失跟问题，为提高支持向量机在目标搜索过程中的速度，提出自适应目标重检测策略。通过跟踪数据的当前和历史跟踪置信度自适应判断目标重检测，增强判断机制在多种情况下的适用性，在目标失跟时，首先利用候选区域提取方法快速确定目标可能的位置区域，然后利用结构化支持向量机确定目标精确位置，该方法提高了长时跟踪的精度和成功率，加快了目标检测的速度。

(4)针对上述问题以及目标跟踪实际应用中的实时性要求，提出时空感知相关滤波长时目标跟踪方法，基于时空感知相关滤波方法，结合自适应特征选择和目标重检测策略，提高长时跟踪的成功率，并通过尺度估计优化方法来进一步加快目标跟踪的速度，为目标跟踪的实践应用提供基础。

参 考 文 献

[1] 孔韦韦, 王炳和, 李斌兵. 图像融合技术: 基于多分辨率非下采样理论与方法[M]. 西安: 西安电子科技大学出版社, 2015.

[2] Ma J, Ma Y, Li C. Infrared and visible image fusion methods and applications: a survey[J]. Information Fusion, 2019, 45: 153-178.

[3] 刘岩. 多模态图像配准技术在无人机自主导航中的应用研究[D]. 西安: 西安电子科技大学, 2010.

[4] 刘小燕, 王皓浩, 孙刚, 等. 基于互信息的荧光素眼底血管造影图像序列的自动配准方法[J]. 电子与信息学报, 2018, 40(8): 1919-1926.

[5] 王素琴, 施文豪, 李兆歆, 等. 无人机航拍视频中的车辆检测方法[J]. 系统仿真学报, 2018, 30(7):359-369.

[6] 李振华, 江耿红, 徐胜男, 等. 基于轮廓多边形拟合的红外与可见光图像配准算法[J]. 系统工程与电子技术, 2010, 37(12): 2872-2878.

[7] 杨化超. 图像局部不变性特征及其匹配问题研究与应用[M]. 北京: 测绘出版社, 2013.

[8] Tareen S A K, Saleem Z. A comparative analysis of sift, surf, kaze, akaze, orb, and brisk[C]// International Conference on Computing, Mathematics and Engineering Technologies (iCoMET), 2018: 1-10.

[9] Zhang Y, Zou Z. Automatic registration method for remote sensing images based on improved ORB algorithm[J]. Remote Sensing for Land and Resources, 2013, 25(3): 20-24.

[10] 许金鑫, 李庆武, 马云鹏, 等. 基于斜率一致性的电气设备红外与可见光图像配准方法[J]. 光电子·激光, 2017, (7):794-802.

[11] Adelson E H, Anderson C H, Bergen J R, et al. Pyramid methods in image processing[J]. RCA Engineer, 1984, 29(6): 33-41.

[12] Do M N, Vetterli M. The contourlet transform: an efficient directional multiresolution image representation[J]. IEEE Transactions on Image Processing, 2005, 14(12): 2091-2106.

[13] Zhang Q, Maldague X. An adaptive fusion approach for infrared and visible images based on NSCT and compressed sensing[J]. Infrared Physics and Technology, 2016, 74: 11-20.

[14] 毛士艺, 赵巍. 多传感器图像融合技术综述[J]. 北京航空航天大学学报, 2002, (5): 512-518.

[15] 史世明, 王岭雪, 金伟其, 等. 基于 YUV 空间色彩传递的可见光/热成像双通道彩色成像系统[J]. 兵工学报, 2009, 30(1): 30-35.

[16] Liu Y, Liu S, Wang Z. A general framework for image fusion based on multi-scale transform and sparse representation[J]. Information Fusion, 2016, 31: 100-109.

[17] Ma J, Chen C, Li C, et al. Infrared and visible image fusion via gradient transfer and total variation minimization[J]. Information Fusion, 2016, 31: 100-109.

[18] 李红, 刘芳, 杨淑媛, 等. 基于深度支撑值学习网络的遥感图像融合[J]. 计算机学报, 2016, 39(8): 1583-1596.

[19] 蔺素珍, 韩泽. 基于深度堆叠卷积神经网络的图像融合[J]. 计算机学报, 2017, 40(11): 2506-2518.

[20] Ma J, Yu W, Liang P, et al. FusionGAN: a generative adversarial network for infrared and visible image fusion[J]. Information Fusion, 2019, 48: 11-26.

[21] 贾雯晓, 张贵仓, 汪亮亮, 等. 基于 SIFT 和改进的 RANSAC 图像配准算法[J]. 计算机工程与应用, 2018, 54(2):203-207.

[22] 徐军, 付天宇, 杨健, 等. 采用显著性分析与改进边缘方向直方图特征的红外与可见光图像配准[J]. 光学精密工程, 2016, (11): 2830-2840.

[23] Tang C, Tian G Y, Chen X, et al. Infrared and visible images registration with adaptable local-global feature integration for rail inspection[J]. Infrared Physics and Technology, 2017, 87: 31-39.

[24] 江泽涛, 王琦. 基于扩散方程和相位一致的异源图像配准算法[J]. 激光与红外, 2018, 48(6): 782-788.

[25] 王晗, 魏明. 自适应特征点检测的可见-红外图像配准[J]. 中国图象图形学报, 2017, 22(2): 179-187.

[26] 谢红梅, 刘强, 夏磊, 等. 基于 SURF 和双向自适应阈值配准的红外图像拼接[J]. 航空兵器, 2018, 308(6):86-91.

[27] 陈震, 杨小平, 张聪炫, 等. 基于 R-MI-rényi 测度的可见光与红外图像配准[J]. 电子测量与仪器学报, 2018, 32(1):1-8.

[28] 江泽涛, 刘小艳, 王琦. 基于显著性和 ORB 的红外和可见光图像配准算法[J]. 激光与红外, 2019, 49(2):125-130.

[29] Zhao B, Xu T, Chen Y, et al. Automatic and robust infrared-visible image sequence registration via spatio-temporal association[J]. Sensors, 2019, 19(5): 997.

[30] 王峰, 程咏梅. 基于 Shearlet 变换域改进的 IR 与灰度 VIS 图像融合算法[J]. 控制与决策, 2017, 32(4): 703-708.

[31] 邓立暖, 尧新峰. 基于 NSST 的红外与可见光图像融合算法[J]. 电子学报, 2016, 45(12): 2965-2970.

[32] 冯鑫, 张建华, 胡开群, 等. 基于变分多尺度的红外与可见光图像融合[J]. 电子学报, 2018, 46(3): 680-687.

[33] 殷明，庞纪勇，魏远远，等. 结合 NSDTCT 和压缩感知 PCNN 的图像融合算法[J]. 计算机辅助设计与图形学学报, 2016, 28(3):411-419.

[34] 朱浩然，刘云清，张文颖. 基于对比度增强与多尺度边缘保持分解的红外与可见光图像融合[J]. 电子与信息学报, 2018, 40(6):1294-1300.

[35] 何炳阳，张智诠，杨建昌，等. 红外和可见光图像泊松融合算法[J]. 光子学报, 2019, 48(1):166-175.

[36] 刘羽，汪增福. 结合小波变换和自适应分块的多聚焦图像快速融合[J]. 中国图象图形学报, 2013, 18(11):1435-1444.

[37] 王林，吕盛祥，曾宇容. 果蝇优化算法研究综述[J]. 控制与决策, 2017, 32(7): 1153-1162.

[38] 刘羽. 像素级多源图像融合方法研究[D]. 合肥: 中国科学技术大学, 2016.

[39] https://figshare.com/articles/TNO_Image_Fusion_Dataset/1008029.

[40] 王峰，程咏梅. 基于 Shearlet 变换域改进的 IR 与灰度 VIS 图像融合算法[J]. 控制与决策, 2017, 32(4):703-708.

[41] 李美丽. 基于 PCNN 和果蝇优化算法的自适应图像融合[J]. 计算机工程与应用, 2016, 52(17):220-224.

[42] 蔡怀宇，卓励然，朱攀，等. 基于非下采样轮廓波变换和直觉模糊集的红外与可见光图像融合[J]. 光子学报, 2018, 47(6):219-228.

[43] 钱小燕，韩磊，王帮峰. 红外与可见光图像快速融合算法[J]. 计算机辅助设计与图形学学报, 2011, 23(7):1211-1216.

[44] 吴燕燕，王亚杰，石祥滨，等. 结合 NSST 和颜色对比度增强的彩色夜视方法[J]. 光电工程, 2016, 43(11): 88-94.

[45] 王峰，程咏梅. 基于 NSST 变换域 KFE 与 DUM-PCNN 的伪彩色图像融合[J]. 西北工业大学学报, 2017, 35(4): 698-703.

[46] 钱伟，常霞，虎玲. 基于改进颜色传递策略与 NSCT 的红外与可见光图像伪彩色融合[J]. 红外技术, 2019, 41(6): 555-560.

[47] 李郁峰，蒋勇，陈念年，等. oRGB 颜色空间的夜视图像彩色融合[J]. 光学精密工程, 2018, 26(11): 2795-2804.

[48] Farnett E C, Stevens G H. Pulse Compression Radar[M]//Radar Handbook, New York: McGraw-Hill 1990.

[49] Wiley C A. Synthetic aperture radars[J]. IEEE Transactions on Aerospace and Electronic Systems, 1985, (3): 440-443.

[50] Ding B, Wen G, Zhong J, et al. A robust similarity measure for attributed scattering center sets with application to SAR ATR[J]. Neurocomputing, 2017, 219: 130-143.

[51] Novak L M, Owirka G J, Netishen C M. Performance of a high-resolution polarimetric SAR automatic target recognition system[J]. Lincoln Laboratory Journal, 1993, 6(1): 1-8.

[52] Yu W, Wang Y, Liu H, et al. Superpixel-based CFAR target detection for high-resolution SAR images[J]. IEEE Geoscience and Remote Sensing Letters, 2016, 13(5): 730-734.

[53] Gao G, Shi G. CFAR ship detection in nonhomogeneous sea clutter using polarimetric SAR data based on the notch filter[J]. IEEE Transactions on Geoscience and Remote Sensing, 2017, 55(8): 4811-4824.

[54] Weinberg G V, Bateman L, Hayden P. Development of non-coherent CFAR detection processes in Weibull background[J]. Digital Signal Processing, 2018, 75: 96-106.

[55] Goldstein G B. False-alarm regulation in log-normal and Weibull clutter[J]. IEEE Transactions on Aerospace and Electronic Systems, 1973, (1): 84-92.

[56] Novak L M, Owirka G J, Brower W S, et al. The automatic target-recognition system in SAIP[J]. Lincoln Laboratory Journal, 1997, 10(2): 6-9.

[57] Patel V, Madhukar H, Ravichandran S. Variability index constant false alarm rate for marine target detection[C]//Conference on Signal Processing and Communication Engineering Systems (SPACES), 2018: 171-175.

[58] Farrouki A, Barkat M. Automatic censoring CFAR detector based on ordered data variability for nonhomogeneous environments[J]. IEE Proceedings of Radar, Sonar and Navigation, 2005, 152(1): 43-51.

[59] Smith M E, Varshney P K. Intelligent CFAR processor based on data variability[J]. IEEE Transactions on Aerospace and Electronic Systems, 2000, 36(3): 837-847.

[60] 宋文青, 王英华, 刘宏伟. 高分辨 SAR 图像自动区域筛选目标检测算法[J]. 电子与信息学报, 2016, 38(5): 1017-1025.

[61] Ai J, Yang X, Song J, et al. An adaptively truncated clutter-statistics-based two-parameter CFAR detector in SAR imagery[J]. IEEE Journal of Oceanic Engineering, 2017, 43(1): 267-279.

[62] Tao D, Anfinsen S N, Brekke C. Robust CFAR detector based on truncated statistics in multiple-target situations[J]. IEEE Transactions on Geoscience and Remote Sensing, 2015, 54(1): 117-134.

[63] Jung C H, Song W Y, Rho S H, et al. Double-step fast CFAR scheme for multiple target detection in high resolution SAR images[C]//IEEE Radar Conference, 2010: 1172-1175.

[64] 顾丹丹, 许小剑. 基于积分图像的快速 ACCA-CFAR SAR 图像目标检测算法[J]. 系统工程与电子技术, 2010, 36(2): 248-253.

[65] 贺志国, 周晓光, 陆军, 等. 一种基于 G0 分布的 SAR 图像快速 CFAR 检测方法[J]. 国防科技大学学报, 2009, 31(1): 47-51.

[66] Wang Z, Du L, Su H. Superpixel-level target discrimination for high-resolution SAR images in complex scenes[J]. IEEE Journal of Selected Topics in Applied Earth Observations and Remote Sensing, 2018, 11(9): 3127-3143.

[67] Burl M C, Owirka G J, Novak L M. Texture discrimination in synthetic aperture radar imagery[C]//Asilomar Conference on Signals, Systems and Computers, 1989: 399-404.

[68] Kreithen D E, Halversen S D, Owirka G J. Discriminating targets from clutter[J]. Lincoln Laboratory Journal, 1993, 6(1): 25-52.

[69] Gao G. An improved scheme for target discrimination in high-resolution SAR images[J]. IEEE Transactions on Geoscience and Remote Sensing, 2011, 49(1):277-294.

[70] 张琴, 谷雨, 徐英, 等. 混合智能优化算法的 SAR 图像特征选择[J]. 遥感学报, 2016, 20(1): 73-79.

[71] Amoon M, Rezairad G. Automatic target recognition of synthetic aperture radar (SAR) images based on optimal selection of Zernike moments features[J]. IET Computer Vision, 2014, 8(2): 77-85.

[72] Li T, Du L. Target discrimination for SAR ATR based on scattering center feature and K-center one-class classification[J]. IEEE Sensors Journal, 2018, 18(6): 2453-2461.

[73] 潘杰. 复杂场景下 SAR 目标鉴别算法研究[D]. 西安: 西安电子科技大学, 2015.

[74] Giacinto G, Roli F. Design of effective neural network ensembles for image classification purposes[J]. Image and Vision Computing, 2001, 19(9-10): 699-707.

[75] Srivastava N, Hinton G, Krizhevsky A, et al. Dropout: a simple way to prevent neural networks from overfitting[J]. The Journal of Machine Learning Research, 2014, 15(1): 1929-1958.

[76] Ross T D, Worrell S W, Velten V J, et al. Standard SAR ATR evaluation experiments using the MSTAR public release data set[C]//International Society for Optics and Photonics, 1998, 3370: 566-573.

[77] 张锐, 洪峻, 明峰. 基于目标CSAR回波模型的 SAR 自动目标识别算法[J]. 电子与信息学报, 2011, 33(1):27-32.

[78] 王世晞, 贺志国. 基于PCA特征的快速SAR 图像目标识别方法[J]. 国防科技大学学报, 2008, 30(3):136-140.

[79] 宦若虹, 张平, 潘赟. PCA、ICA 和 Gabor 小波决策融合的 SAR 目标识别[J]. 遥感学报, 2012, 16(2): 262-274.

[80] Zhao Q, Principe J C. Support vector machines for SAR automatic target recognition[J]. IEEE Transactions on Aerospace and Electronic Systems, 2001, 37(2): 643-654.

[81] Wang Y, Han P, Lu X, et al. The performance comparison of Adaboost and SVM applied to SAR ATR[C]//CIE International Conference on Radar, 2006: 1-4.

[82] Sun Y, Liu Z, Todorovic S, et al. Adaptive boosting for SAR automatic target recognition[J]. IEEE Transactions on Aerospace and Electronic Systems, 2007, 43(1): 112-125.

[83] 杨中悦, 林伟, 延伟东, 等. 基于热核共生矩阵的 SAR 图像纹理目标识别[J]. 西北工业大学学报, 2016, 34(2): 356-361.

[84] 杨绪峰, 林伟, 延伟东, 等. 采用热核特征的 SAR 图像目标识别[J]. 红外与激光工程, 2014, 43(11): 3794-3801.

[85] 田壮壮, 占荣辉, 胡杰民, 等. 基于卷积神经网络的 SAR 图像目标识别研究[J]. 雷达学报, 2016, 5(3): 320-325.

[86] 宋文青, 王英华, 刘宏伟. 高分辨 SAR 图像自动区域筛选目标检测算法[J]. 电子与信息学报, 2016, 38(5): 1017-1025.

[87] Sandia National Laboratories[OL]. http://www.sandia.gov/radar/minisar.html/SAND2005-3706P-mini SAR-flight-SAR-images. pdf, 2005.

[88] Kaur B, Joshi G, Vig R. Analysis of shape recognition capability of Krawtchouk moments[C]//International Conference on Computing, Communication and Automation, 2015: 1085-1090.

[89] Reshef D N, Reshef Y A, Finucane H K, et al. Detecting novel associations in large data sets[J]. Science, 2011, 334(6062): 1518-1524.

[90] Sun G, Li J, Dai J, et al. MIC-based feature selection method for IoT data processing[J]. Future Generation Computer Systems, 2018, 89: 606-616.

[91] Ren S, He K, Girshick R, et al. Faster r-cnn: towards real-time object detection with region proposal networks[J]. arXiv preprint arXiv:1506.01497, 2015.

[92] Liu W, Anguelov D, Erhan D, et al. SSD: single shot multibox detector[C]//European Conference on Computer Vision, 2016: 21-37.

[93] Hinton G E, Srivastava N, Krizhevsky A, et al. Improving neural networks by preventing co-adaptation of feature detectors[J]. arXiv preprint arXiv:1207.0580, 2012.

[94] Redmon J, Divvala S, Girshick R, et al. You only look once: unified, real-time object detection[C]//IEEE Conference on Computer Vision and Pattern Recognition, 2016: 779-788.

[95] Comaniciu D, Ramesh V, Meer P. Kernel-based object tracking[J]. IEEE Transactions on Pattern Analysis and Machine Intelligence, 2003, 25(5): 564-577.

[96] 王永忠, 潘泉, 赵春晖, 等. 一种对光照变化鲁棒的均值漂移跟踪方法[J]. 电子与信息学报, 2007, 29(10):2287-2291.

[97] Birchfield S T, Rangarajan S. Spatiograms versus histograms for region-based tracking[C]//IEEE Computer Society Conference on Computer Vision and Pattern Recognition, 2005, 2: 1158-1163.

[98] Ning J, Zhang L, Zhang D, et al. Robust mean-shift tracking with corrected background-weighted histogram[J]. IET Computer Vision, 2012, 6(1): 62-69.

[99] 刘晴, 唐林波, 赵保军, 等. 基于自适应多特征融合的均值迁移红外目标跟踪[J]. 电子与信息学报, 2012, 34(5): 1137-1141.

[100] 贾松敏, 王爽, 王丽佳, 等. 多特征自适应均值漂移算法的目标跟踪[J]. 光电子·激光, 2014,

(10): 2018-2024.

[101]Babaeian A, Rastegar S, Bandarabadi M, et al. Mean shift-based object tracking with multiple features[C]//The 41st Southeastern Symposium on System Theory, 2009: 68-72.

[102]Yang W, Li J, Shi D, et al. Mean shift-based object tracking in FLIR imagery using multiple features[C]//Pattern Recognition and Computer Vision, 2009: 74960T.

[103]Collins R T, Liu Y, Leordeanu M. Online selection of discriminative tracking features[J]. IEEE Transactions on Pattern Analysis and Machine Intelligence, 2005, 27(10): 1631-1643.

[104]戴渊明, 韦巍, 林亦宁. 基于颜色纹理特征的均值漂移目标跟踪算法[J]. 浙江大学学报(工学版), 2012, (2): 212-217.

[105]刘兴淼, 王仕成, 赵静, 等. 基于自适应核窗宽的红外目标跟踪算法[J]. 控制与决策, 2012, 27(1): 114-119.

[106]Vojir T, Noskova J, Matas J. Robust scale-adaptive mean-shift for tracking[J]. Pattern Recognition Letters, 2014, 49: 250-258.

[107]王年, 丁业兵, 唐俊, 等. 带宽自适应的 Mean Shift 目标跟踪算法[J]. 华南理工大学学报(自然科学版), 2011, 39(10): 44-49.

[108]董文会, 常发亮, 李天平. 融合颜色直方图及 SIFT 特征的自适应分块目标跟踪方法[J]. 电子与信息学报, 2013, 35(4): 770-776.

[109]李琦, 邵春福, 岳昊. 核窗口尺寸和目标模型自适应的均值漂移跟踪[J]. 华南理工大学学报(自然科学版), 2013, 41(2): 74-81.

[110]Jeyakar J, Babu R V, Ramakrishnan K R. Robust object tracking with background-weighted local kernels[J]. Computer Vision and Image Understanding, 2008, 112(3): 296-309.

[111]Hwang J P, Baek J, Choi B, et al. A novel part-based approach to mean-shift algorithm for visual tracking[J]. International Journal of Control, Automation and Systems, 2015, 13(2): 443-453.

[112]张亚军, 许宏丽. 融合多核的目标分块跟踪[J]. 图像与信号处理, 2014, 3: 94-104.

[113]Li S X, Chang H X, Zhu C F. Adaptive pyramid mean shift for global real-time visual tracking[J]. Image and Vision Computing, 2010, 28(3): 424-437.

[114]Li S, Wu O, Zhu C, et al. Visual object tracking using spatial context information and global tracking skills[J]. Computer Vision and Image Understanding, 2014, 125: 1-15.

[115]Nguyen H T, Worring M, van den Boomgaard R. Occlusion robust adaptive template tracking[C]//IEEE International Conference on Computer Vision, 2001: 678-683.

[116]Peng N S, Yang J, Liu Z. Mean shift blob tracking with kernel histogram filtering and hypothesis testing[J]. Pattern Recognition Letters, 2005, 26(5): 605-614.

[117]Jang Y H, Suh J K, Kim K J, et al. Robust target model update for mean-shift tracking with background weighted histogram[J]. KSII Transactions on Internet and Information Systems, 2016, 10(3): 1377-1389.

[118] Nummiaro K, Koller-Meier E, van Gool L. An adaptive color-based particle filter[J]. Image and Vision Computing, 2003, 21(1): 99-110.

[119] Havangi R. Target tracking based on improved unscented particle filter with Markov chain Monte Carlo[J]. IETE Journal of Research, 2018, 64(6): 873-885.

[120] 刘敏, 陈恩庆, 杨守义. 正则化粒子滤波在水下目标跟踪中的应用[J]. 电视技术, 2012, (9):108-111.

[121] 邹卫军, 龚翔, 薄煜明. 自适应分层采样辅助粒子滤波在视频跟踪中的应用研究[J]. 光子学报, 2010, 39(3): 571.

[122] 王敏, 朱志宇, 张冰. 闪烁噪声环境下目标跟踪的 UPF 算法研究[J]. 弹箭与制导学报, 2008, 28(1):79-82.

[123] 王华剑, 景占荣, 羊彦. 基于改进扩展卡尔曼粒子滤波的目标跟踪算法[J]. 计算机应用研究, 2011, 28(5): 1634-1636.

[124] Yang W, Wang S, Xing Q. IMM iterated extended particle filter algorithm[J]. Mathematical Problems in Engineering, 2013, (1):6-9.

[125] Hassan W, Bangalore N, Birch P, et al. An adaptive sample count particle filter[J]. Computer Vision and Image Understanding, 2012, 116(12): 1208-1222.

[126] 王书朋, 姬红兵. 用于目标跟踪的自适应粒子滤波算法[J]. 系统仿真学报, 2010, 22(3): 630-633.

[127] 徐建军, 危自福, 毕笃彦. 基于在线特征选择的粒子滤波跟踪方法[J]. 光电工程, 2010, 37(6): 23-28.

[128] 裴福俊, 孙新蕊, 崔平远. 基于 KLD 采样的自适应 UPF 非线性状态估计方法[J]. 系统仿真学报, 2009, 21(9): 2679-2681.

[129] 孟军英, 刘教民, 韩明. 基于联合特征的边缘粒子滤波目标跟踪算法研究[J]. 计算机应用研究, 2015, 32(6): 1906-1911.

[130] Wu P, Kong L, Zhao F, et al. Particle filter tracking based on color and SIFT features[C]//International Conference on Audio, Language and Image Processing, 2008: 932-937.

[131] Wu S, Bao H, Zhang C, et al. Particle filter tracking based on visual saliency feature[J]. Journal of University of Science and Technology of China, 2015, 45(11): 934-942.

[132] 王鑫, 唐振民. 基于特征融合的粒子滤波在红外小目标跟踪中的应用[J]. 中国图象图形学报, 2010, 15(1): 91-97.

[133] 李蔚, 李辉. 多特征融合的优化粒子滤波红外目标跟踪[J]. 激光与红外, 2014, 44(1): 35-40.

[134] Liu Y L, Shieh C S. On-line discriminative feature selection in particle filter tracking[C]// International Conference on Innovations in Bio-Inspired Computing and Applications, 2012: 262-267.

[135] Wang N, Yeung D Y. Learning a deep compact image representation for visual

tracking[C]//International Conference on Neural Information Processing Systems, 2013.

[136] Wang N, Li S, Gupta A, et al. Transferring rich feature hierarchies for robust visual tracking[J]. arXiv preprint arXiv:1501.04587, 2015.

[137] Nam H, Han B. Learning multi-domain convolutional neural networks for visual tracking[C]// IEEE Conference on Computer Vision and Pattern Recognition, 2016: 4293-4302.

[138] Nam H, Baek M, Han B. Modeling and propagating CNNs in a tree structure for visual tracking[J]. arXiv preprint arXiv:1608.07242, 2016.

[139] Held D, Thrun S, Savarese S. Learning to track at 100 fps with deep regression networks[C]// European Conference on Computer Vision, 2016: 749-765.

[140] Wang L, Ouyang W, Wang X, et al. Visual tracking with fully convolutional networks[C]//IEEE International Conference on Computer Vision, 2015: 3119-3127.

[141] Bertinetto L, Valmadre J, Henriques J F, et al. Fully-convolutional siamese networks for object tracking[C]//European Conference on Computer Vision, 2016: 850-865.

[142] Valmadre J, Bertinetto L, Henriques J, et al. End-to-end representation learning for correlation filter based tracking[C]//IEEE Conference on Computer Vision and Pattern Recognition, 2017: 2805-2813.

[143] Wang Q, Gao J, Xing J, et al. Dcfnet: discriminant correlation filters network for visual tracking[J]. arXiv preprint arXiv:1704.04057, 2017.

[144] Bolme D S, Beveridge J R, Draper B A, et al. Visual object tracking using adaptive correlation filters[C] //IEEE Conference on Computer Vision and Pattern Recognition, 2010: 2544-2550.

[145] Henriques J F, Caseiro R, Martins P, et al. High-speed tracking with kernelized correlation filters[J]. IEEE Transactions on Pattern Analysis and Machine Intelligence, 2014, 37(3): 583-596.

[146] Danelljan M, Shahbaz K F, Felsberg M, et al. Adaptive color attributes for real-time visual tracking[C]//IEEE Conference on Computer Vision and Pattern Recognition, 2014: 1090-1097.

[147] Bertinetto L, Valmadre J, Golodetz S, et al. Staple: complementary learners for real-time tracking[C]//IEEE Conference on Computer Vision and Pattern Recognition, 2016: 1401-1409.

[148] 郭文, 游思思, 张天柱, 等. 低秩重检测的多特征时空上下文的视觉跟踪[J]. Journal of Software, 2018, 4: 1017-1028.

[149] Li Y, Zhu J. A scale adaptive kernel correlation filter tracker with feature integration[C]// European Conference on Computer Vision, 2014: 254-265.

[150] Danelljan M, Hager G, Khan F S, et al. Discriminative scale space tracking[J]. IEEE Transactions on Pattern Analysis and Machine Intelligence, 2016, 39(8): 1561-1575.

[151] Mueller M, Smith N, Ghanem B. Context-aware correlation filter tracking[C]//IEEE Conference

on Computer Vision and Pattern Recognition, 2017: 1396-1404.

[152] Danelljan M, Hager G, Shahbaz K F, et al. Learning spatially regularized correlation filters for visual tracking[C]//IEEE International Conference on Computer Vision, 2015: 4310-4318.

[153] Danelljan M, Bhat G, Shahbaz K F, et al. Eco: efficient convolution operators for tracking[C]//IEEE Conference on Computer Vision and Pattern Recognition, 2017: 6638-6646.

[154] Ma C, Huang J B, Yang X, et al. Hierarchical convolutional features for visual tracking[C]//IEEE International Conference on Computer Vision, 2015: 3074-3082.

[155] Danelljan M, Hager G, Shahbaz K F, et al. Convolutional features for correlation filter based visual tracking[C]//IEEE International Conference on Computer Vision Workshops, 2015: 58-66.

[156] Danelljan M, Robinson A, Shahbaz K F, et al. Beyond correlation filters: learning continuous convolution operators for visual tracking[C]//European Conference on Computer Vision, 2016: 472-488.

[157] Galoogahi K H, Fagg A, Lucey S. Learning background-aware correlation filters for visual tracking[C]//IEEE International Conference on Computer Vision, 2017: 1135-1143.

[158] Wu Y, Lim J, Yang M H. Object tracking benchmark[J]. IEEE Transactions on Pattern Analysis and Machine Intelligence, 2015, 37(9): 1834-1848.

[159] Mueller M, Smith N, Ghanem B. A benchmark and simulator for UAV tracking[C]//European Conference on Computer Vision, 2016: 445-461.

[160] Boyd S, Parikh N, Chu E, et al. Distributed optimization and statistical learning via the alternating direction method of multipliers[J]. Foundations and Trends in Machine Learning, 2011, 3(1):1-122.

[161] Dalal N, Triggs B. Histograms of oriented gradients for human detection[C]//IEEE Computer Society Conference on Computer Vision and Pattern Recognition, 2005, 1: 886-893.

[162] Vondrick C, Khosla A, Malisiewicz T, et al. Hoggles: visualizing object detection features[C]// IEEE International Conference on Computer Vision, 2013: 1-8.

[163] Hua Y, Alahari K, Schmid C. Online object tracking with proposal selection[C]//IEEE International Conference on Computer Vision, 2015: 3092-3100.

[164] Ning J, Yang J, Jiang S, et al. Object tracking via dual linear structured SVM and explicit feature map[C]//IEEE Conference on Computer Vision and Pattern Recognition, 2016: 4266-4274.

[165] 刘威, 赵文杰, 李成. 时空上下文学习长时目标跟踪[J]. 光学学报, 2016, (1): 179-186.

[166] Zhang J, Ma S, Sclaroff S. MEEM: robust tracking via multiple experts using entropy minimization[C]//European Conference on Computer Vision, 2014: 188-203.

[167] Bibi A, Mueller M, Ghanem B. Target response adaptation for correlation filter tracking[C]// European Conference on Computer Vision, 2016: 419-433.

[168] Ma C, Yang X, Zhang C, et al. Long-term correlation tracking[C]//IEEE Conference on Computer Vision and Pattern Recognition, 2015: 5388-5396.

[169] Hong Z, Chen Z, Wang C, et al. Multi-store tracker (muster): a cognitive psychology inspired approach to object tracking[C]//IEEE Conference on Computer Vision and Pattern Recognition, 2015: 749-758.

[170] Danelljan M, Häger G, Khan F, et al. Accurate scale estimation for robust visual tracking[C]// British Machine Vision Conference, 2014.

彩　　图

(a)道路上的车辆

(b)藏有士兵的树林

图 1-2　红外与可见光图像特性对比示例图

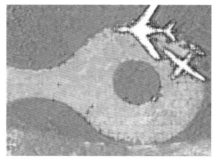

(a)可见光特征点检测结果

(b)红外特征点检测结果

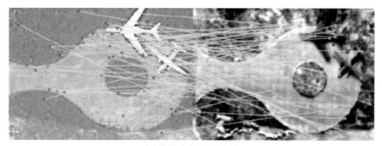

(c)特征点粗匹配结果

图 2-5　红外与可见光特征点检测与粗匹配效果图

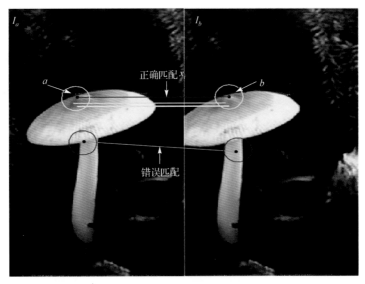

图 2-6　GMS 原理示意图

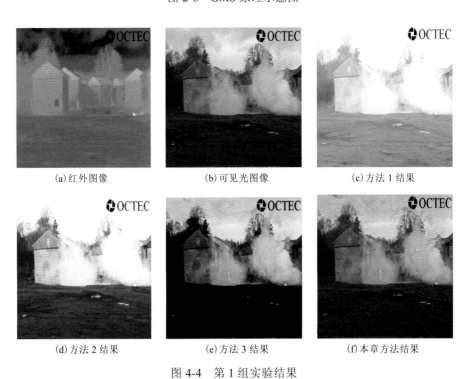

(a)红外图像　　　　　　(b)可见光图像　　　　　　(c)方法 1 结果

(d)方法 2 结果　　　　　　(e)方法 3 结果　　　　　　(f)本章方法结果

图 4-4　第 1 组实验结果

(a)红外图像   (b)可见光图像   (c)方法 1 结果

(d)方法 2 结果   (e)方法 3 结果   (f)本章方法结果

图 4-5　第 2 组实验结果

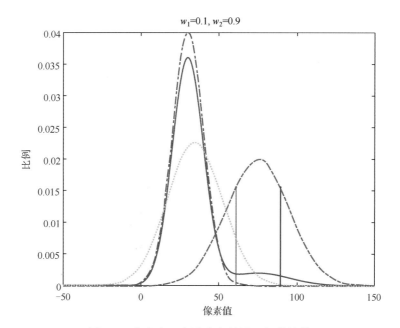

图 6-2　参考窗口杂波分布估计及阈值计算

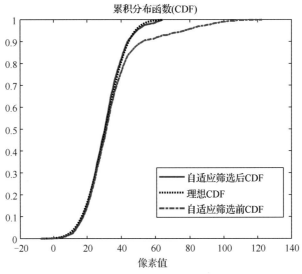

图 6-6 自适应筛选前后参考窗口像素的 CDF

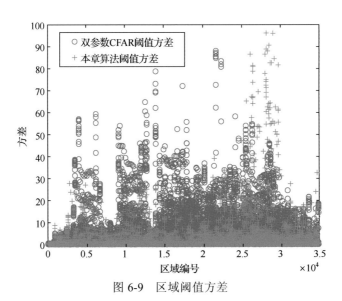

图 6-9 区域阈值方差

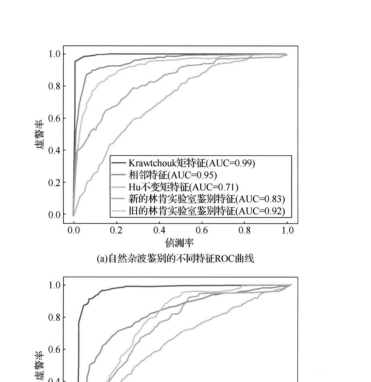

(a)自然杂波鉴别的不同特征ROC曲线

图中图例：
Krawtchouk矩特征(AUC=0.99)
相邻特征(AUC=0.95)
Hu不变矩特征(AUC=0.71)
新的林肯实验室鉴别特征(AUC=0.83)
旧的林肯实验室鉴别特征(AUC=0.92)

(b)人造杂波鉴别的不同特征ROC曲线

图中图例：
Krawtchouk矩特征(AUC=0.98)
相邻特征(AUC=0.82)
Hu不变矩特征(AUC=0.63)
新的林肯实验室鉴别特征(AUC=0.74)
旧的林肯实验室鉴别特征(AUC=0.78)

图 7-2　不同目标鉴别特征的 ROC 曲线

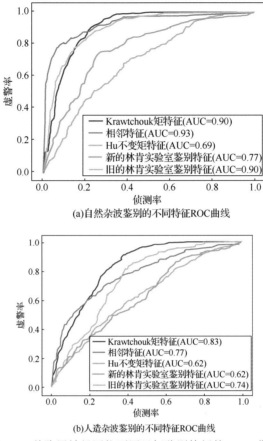

(a)自然杂波鉴别的不同特征ROC曲线

(b)人造杂波鉴别的不同特征ROC曲线

图 7-3 单隐层神经网络不同目标鉴别特征的 ROC 曲线

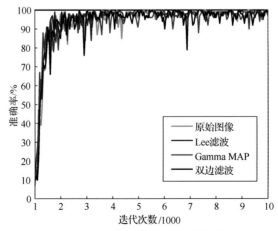

图 8-4 滤波前后数据集的训练过程

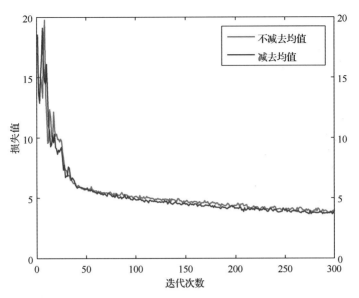

图 8-9　零均值规整化前后的损失值

图 10-6　目标跟踪框

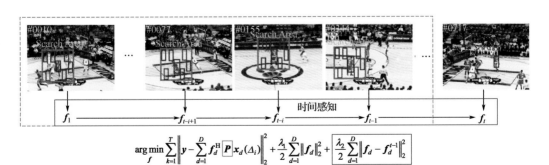

$$\arg\min_{\boldsymbol{f}}\sum_{k=1}^{T}\left\|\boldsymbol{y}-\sum_{d=1}^{D}\boldsymbol{f}_d^{\mathrm{H}}\boxed{\boldsymbol{P}}\boldsymbol{x}_d(\varDelta_i)\right\|_2^2+\frac{\lambda_1}{2}\sum_{d=1}^{D}\|\boldsymbol{f}_d\|_2^2+\boxed{\frac{\lambda_2}{2}\sum_{d=1}^{D}\left\|\boldsymbol{f}_d-\boldsymbol{f}_d^{t-1}\right\|_2^2}$$

图 11-1　本章方法流程图

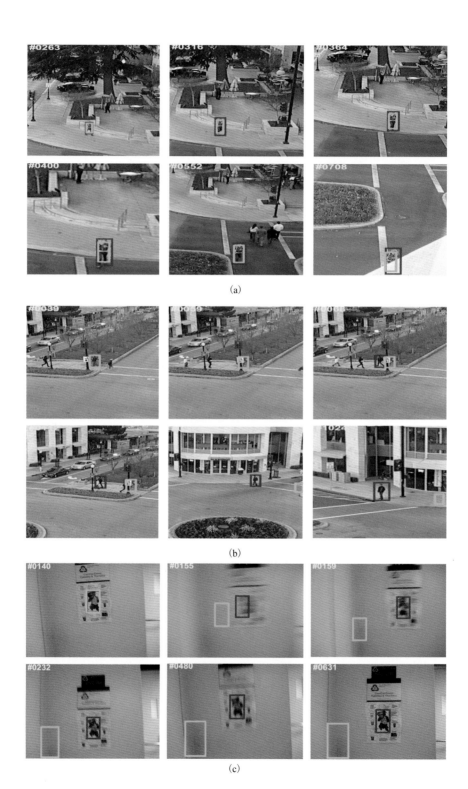

(a)

(b)

(c)

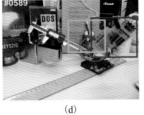

(d)

图 11-6　部分跟踪结果

Image

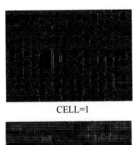

CELL=1

IHOG

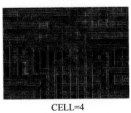

CELL=4

IHOG

CELL=8

IHOG

图 11-7　分层 HOG 特征与可视化

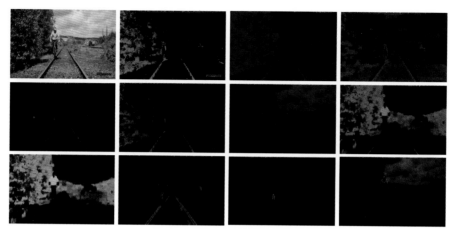

图 11-8   颜色空间特征

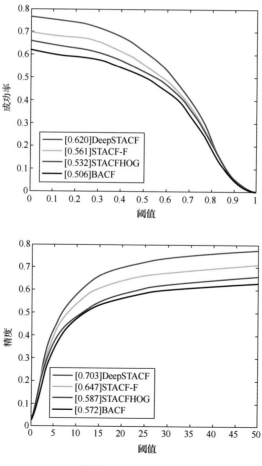

图 11-15   UAV123 跟踪数据集跟踪成功率和跟踪精度评估指标

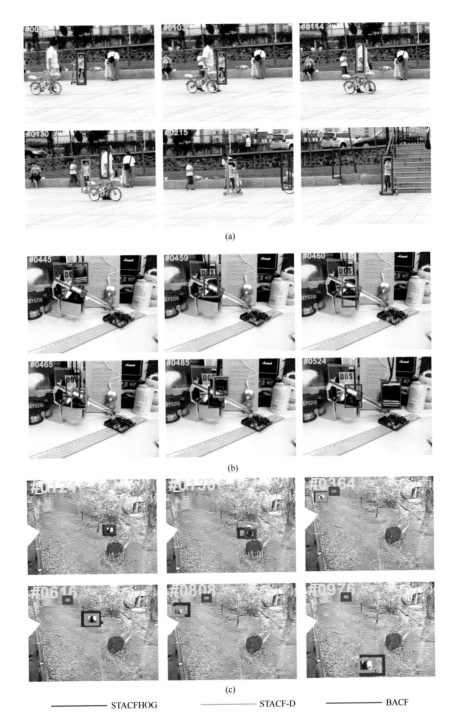

(a)

(b)

(c)

——— STACFHOG   ——— STACF-D   ——— BACF

图 12-3　部分跟踪结果

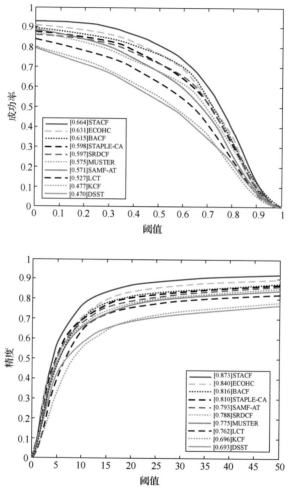

图 12-5　OTB100 跟踪数据集跟踪成功率和跟踪精度评价指标

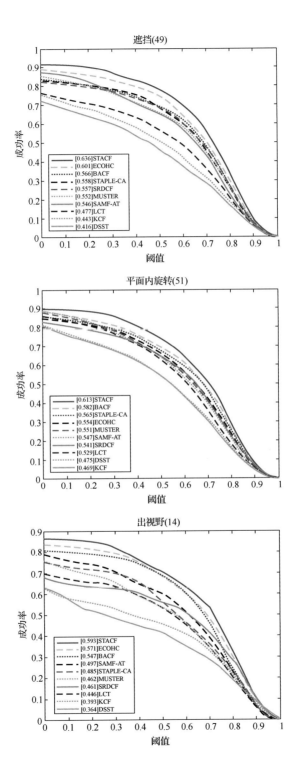

遮挡(49)

成功率

阈值

[0.636]STACF
[0.601]ECOHC
[0.566]BACF
[0.558]STAPLE-CA
[0.557]SRDCF
[0.552]MUSTER
[0.546]SAMF-AT
[0.477]LCT
[0.443]KCF
[0.416]DSST

平面内旋转(51)

成功率

阈值

[0.613]STACF
[0.582]BACF
[0.565]STAPLE-CA
[0.554]ECOHC
[0.551]MUSTER
[0.547]SAMF-AT
[0.541]SRDCF
[0.529]LCT
[0.475]DSST
[0.469]KCF

出视野(14)

成功率

阈值

[0.593]STACF
[0.571]ECOHC
[0.547]BACF
[0.497]SAMF-AT
[0.485]STAPLE-CA
[0.462]MUSTER
[0.461]SRDCF
[0.446]LCT
[0.393]KCF
[0.364]DSST

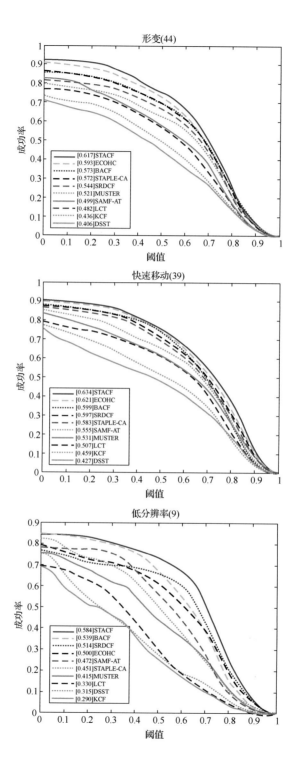

形变(44)

[0.617]STACF
[0.593]ECOHC
[0.573]BACF
[0.572]STAPLE-CA
[0.544]SRDCF
[0.521]MUSTER
[0.499]SAMF-AT
[0.482]LCT
[0.436]KCF
[0.406]DSST

成功率

阈值

快速移动(39)

[0.634]STACF
[0.621]ECOHC
[0.599]BACF
[0.597]SRDCF
[0.583]STAPLE-CA
[0.555]SAMF-AT
[0.531]MUSTER
[0.507]LCT
[0.459]KCF
[0.427]DSST

成功率

阈值

低分辨率(9)

[0.584]STACF
[0.539]BACF
[0.514]SRDCF
[0.500]ECOHC
[0.472]SAMF-AT
[0.451]STAPLE-CA
[0.415]MUSTER
[0.330]LCT
[0.315]DSST
[0.290]KCF

成功率

阈值

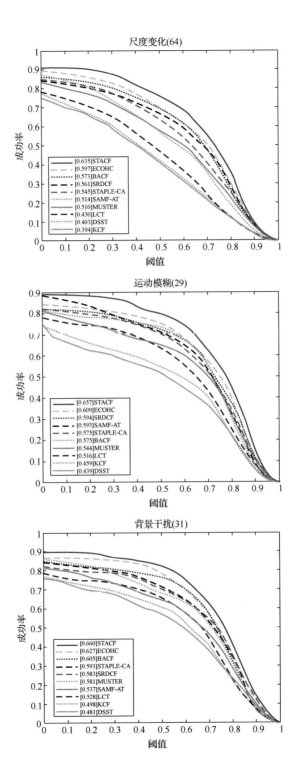

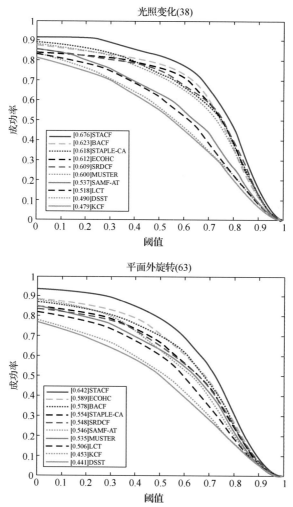

图 12-6 OTB100 跟踪数据集评价因素统计图

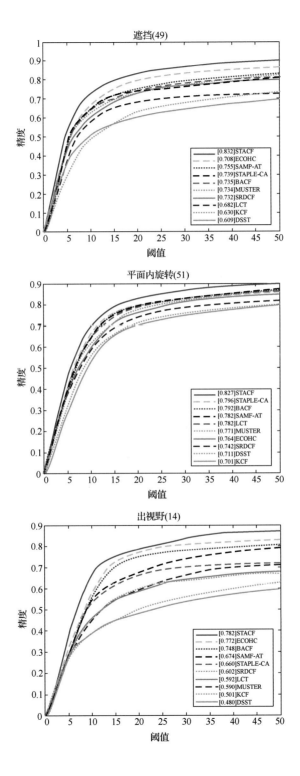

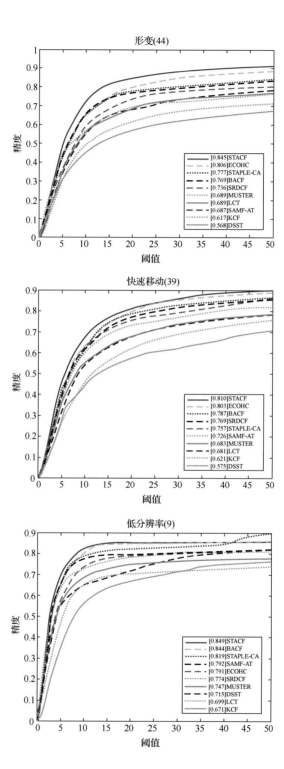

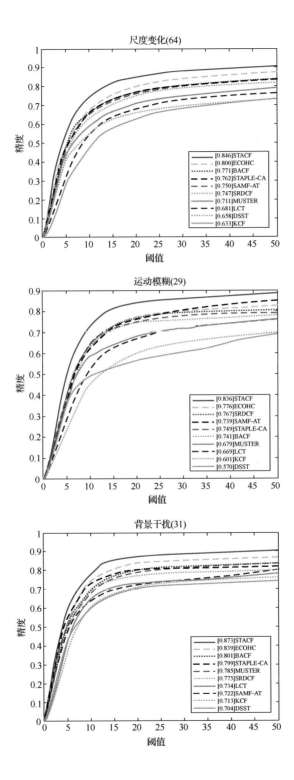

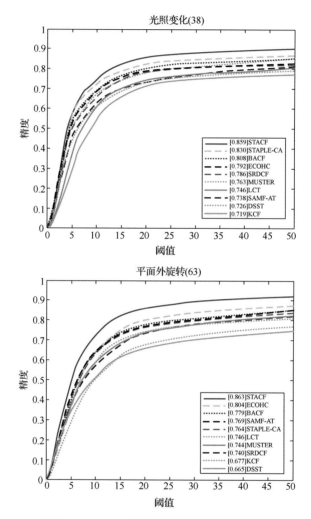

图 12-7 OTB100 跟踪数据集评价因素统计图

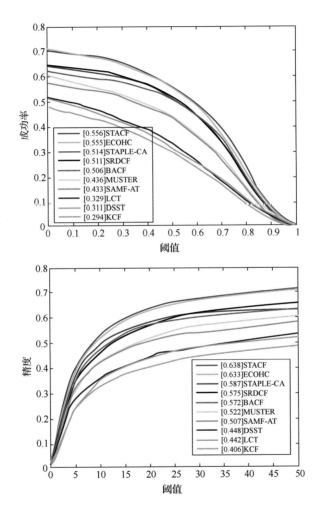

图 12-8 UAV123 跟踪数据集跟踪成功率和跟踪精度评估指标

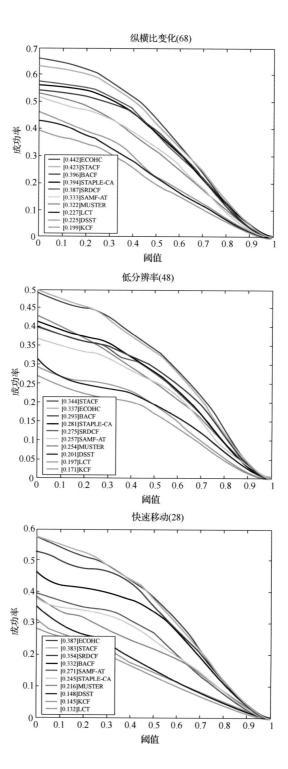

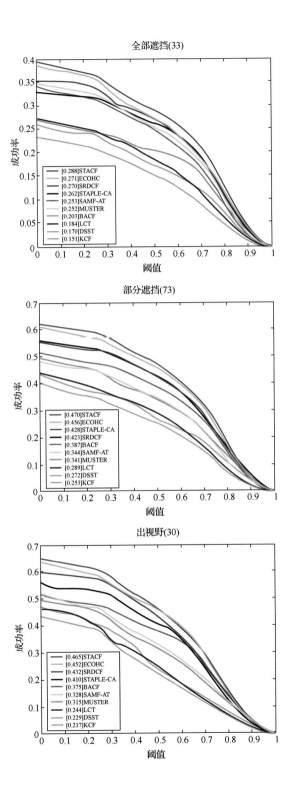

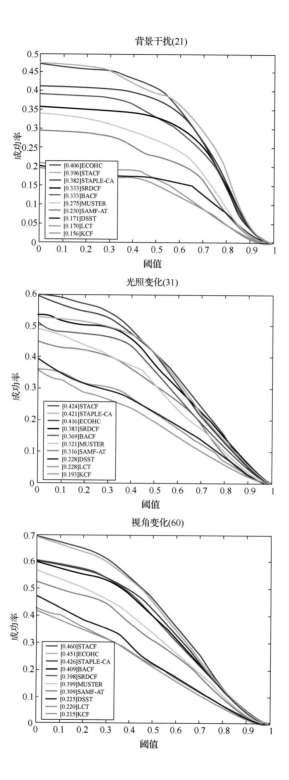

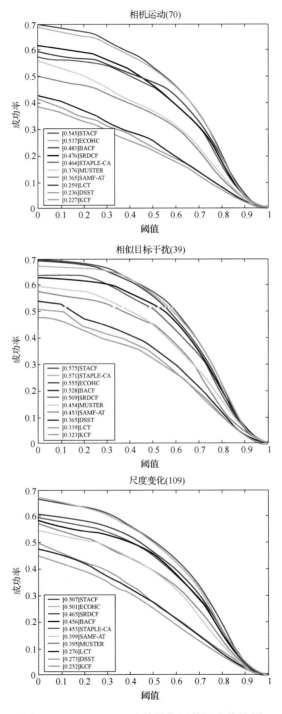

图 12-9　UAV123 跟踪数据集评价因素统计图

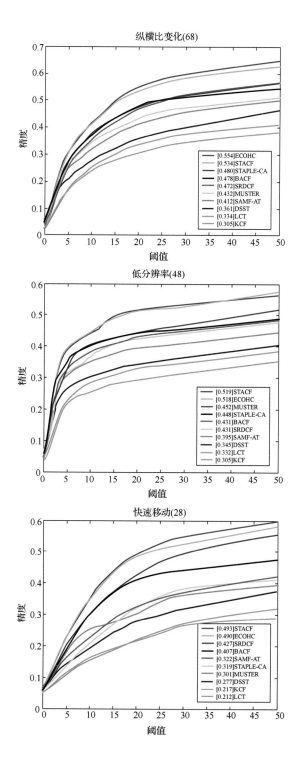

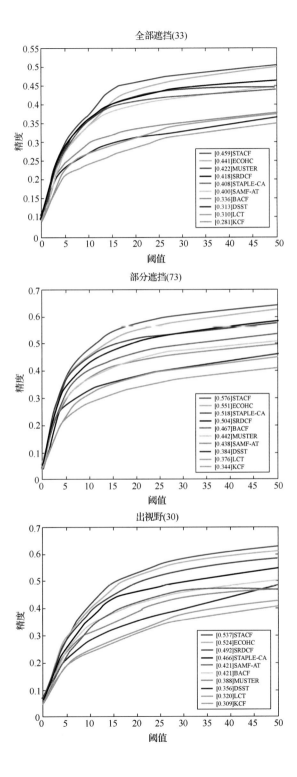

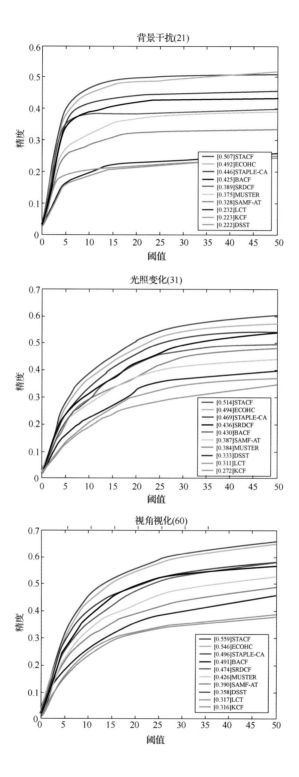

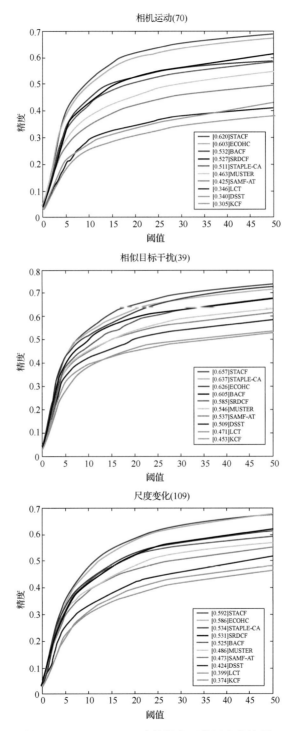

图 12-10 UAV123 跟踪数据集评价因素统计图

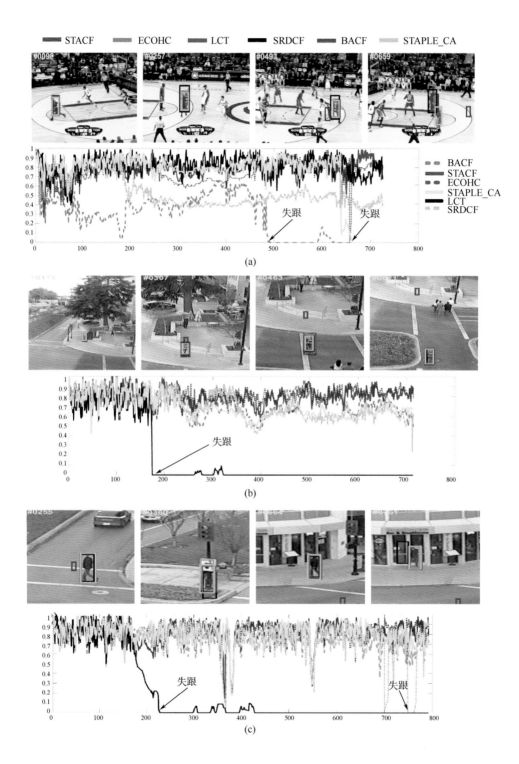

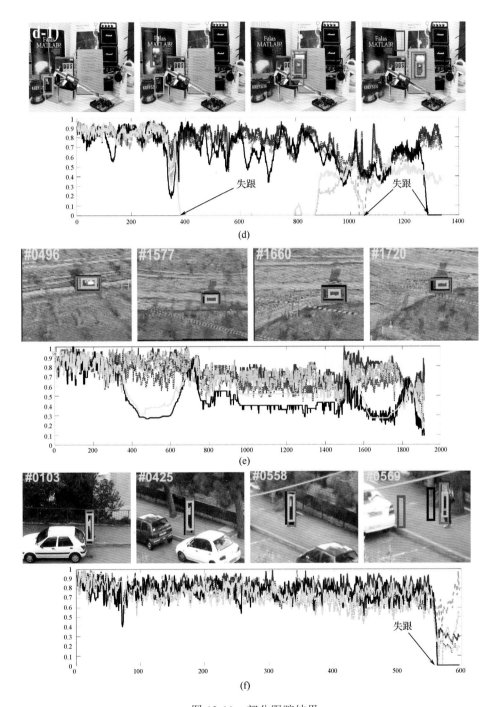

图 12-11　部分跟踪结果